同济大学本科教材出版基金资助

水处理装备装置实验技术

盛　力　编著

U0336965

同济大学 出版社
TONGJI UNIVERSITY PRESS

内 容 提 要

水处理实验课程,既能够帮助学生了解和掌握实际水处理工程中通用机械和控制技术的基础知识和基本操作,也为在本科教学条件下复杂水处理实验课程提供了有力支持。通过水处理实验教学,能够强化学生工程实践和科研创新能力的可行性和有效性。本书的突出特点是将实现水处理工艺目标必备的通用机械设备、控制技术融合在水处理工艺设备和实验装置中,开展水处理工艺系统的综合实验。

本书是环境科学水处理实验本科教学的教材,也可作为环境科学、环境工程、市政工程及相关专业水处理实验工程技术人员的参考书。

图书在版编目(CIP)数据

水处理装备装置实验技术/盛力编著. --上海:同济大
学出版社,2016.4
ISBN 978-7-5608-6247-7

Ⅰ.①水… Ⅱ.①盛… Ⅲ.①水处理设施—实验 Ⅳ.①
TU991.2-33

中国版本图书馆 CIP 数据核字(2016)第 054755 号

水处理装备装置实验技术
盛 力 编著

责任编辑 马继兰   **责任校对** 徐春莲   **封面设计** 陈益平

出版发行 同济大学出版社 www.tongjipress.com.cn
(地址:上海市四平路 1239 号 邮编:200092 电话:021-65985622)
经 销 全国各地新华书店
印 刷 常熟大宏印刷有限公司
开 本 787 mm×1 092 mm 1/16
印 张 11.5
字 数 287000
版 次 2016 年 6 月第 1 版 2016 年 6 月第 1 次印刷
书 号 ISBN 978-7-5608-6247-7

定 价 35.00 元

前　言

水处理工艺效果的实现是以相适应的水处理装备为物质基础的,实际生产中的水处理效果与由处理构筑物、泵阀风机和专用工艺设备构成的水处理装备的性能状况直接相关,水处理技术的发展也离不开水处理装备的持续改进和应用技术的进步。

实验是水处理工艺效果验证的重要手段。对于一个水处理过程,每一个阶段所产生的处理效果的确切数据必须通过应用相当规模的实验装置进行模拟试验才能获得。水处理过程是在处理装置中通过动量、质量、热量的传递过程实现的,装置的工程流体力学性质、机械设备功用、过程控制效能对水处理效果至关重要。因此,水处理实验中性能合理的实验装置是获得理想实验结果不可或缺的保障。

目前水处理专业教育往往更注重工艺机理的学习,而对实现工艺过程所必需的装备、装置方面的知识、技能的教学关注不够。基于水处理装备装置对水处理工艺过程的重要性,相关专业的学生应该学习一些相应的基础知识,并对实际应用有所了解,以满足社会发展的需求。同济大学环境科学与工程实验教学中心一直注重实验教学装置的开发,坚持通过实验装置的完善提升实验教学内涵。中心通过改进实验装置,统合工艺模型、通用机械设备和过程控制系统,开展了以水处理工艺连续流动态实验为主题的拓展、创新实验。实践过程表明,这样的实验不但让学生增长了水处理技术实践的技能,而且锻炼了解决实际问题的能力、培养了创新意识。笔者根据工作心得编写了这本实验教材——《水处理装备装置实验技术》。

水处理装备装置实验内容是以连续流工艺实验为核心,以工程流体实验、泵阀实验、过程控制实验为基础支撑的。实验内容的构成基于以下考虑:

一、实验过程中能够遇到更多的实验现象和问题,与常规静态实验相比,连续流动态实验在使学生深入理解水处理工艺基本原理的同时,提供更多学生自主分析问题、解决问题的机会,有效锻炼学生的实践和创新能力。

二、水处理工艺的动态运行离不开工程流体力学的基本常识,以及泵阀风机等通用设备的运行操作。另外,在线监测、自动化技术、计算机控制与网络技术在水处理工业中得到日益广泛的应用。一个优秀的专业工程师不但要掌握水处理工艺技术原理,还要对水处理反应器、通用设备和监测、控制技术的应用有一定程度的了解。

最后,在线监测、网络技术的应用,在客观上克服了水处理工艺连续流动态实验耗时长、测试分析工作量大的特点,以及给本科生完成实验造成的阻碍,使本科生有条件利用零散时间,通过合理安排完成大型复杂实验。本书介绍的"在线连续流水处理工艺实验系统"在保证学生动手操作体验的同时,让学生在互联网上完成真实实验的大部分内容,在实验时间和空间上给予学生更大的自由,让连续运行工艺实验更便于完成。

本书分为上、下两篇。上篇总论篇为实验基础知识,第一至第三章包括介绍水处理反应器、泵阀通用设备、控制技术的基础知识。下篇为实验篇,包括流体和反应器实验、泵阀实验、过程控制基本实验、水处理系统综合实验等四章。第四、五、六、七章实验内容相对独立,同时四、五、六章的实验内容也是第七章实验内容实施的基础。水处理工艺实验的内容包含了在线检测仪表的使用、工艺执行设备控制系统的操作,如不开展第四、五、六章的实验,则要先学习实验中四、五、六章涉及的机电、控制知识,并掌握实验系统的操作方法,再开展第七章实验。

　　本书中与水处理工艺相关的泵阀等通用机械设备以及监测、控制和自动化系统的基础实验内容是较为浅显的,以体验工程流体力学现象、机电设备、控制系统的基本认知和使用为目标,水处理相关专业本科生修习的基础课和专业基础课就能够满足这些实验的理论知识要求。本书实验与常规水处理教学实验相结合,能够全面强化学生专业素质,也可以选一部分作为常规水处理实验教学的有益补充。

　　在实验建设和教材编写过程中,徐竟成教授给予了方向性的引导和全方位的支持,在此致以诚挚的感谢。同济大学环境科学与工程实验教学中心的各位老师对实验装置建设提供了帮助,彭毅工程师在实验装置自动化和网络通信技术方面提供了支持,在此表示感谢。

　　由于实验涉及的知识跨度较大,限于编者的水平,疏漏和谬误之处在所难免,恳请读者批评指正。

编　者

2016 年 4 月于同济大学

目　录

上篇

总论篇

第1章 水处理实验及反应器

水处理实验是水处理技术革新、水处理工程建设和保障生产运行的重要手段,随着水处理工业的发展而不断进步,水处理实验所采用的装置、工艺设备对水处理实验的效果起到的作用也是至关重要的。实验装置、工艺设备的设计是做好水处理实验的基础,而将设计的实验装置成功地放大到生产规模,也是实验结果有效地指导生产的重要环节。

1.1 水处理实验概述

在水处理技术发展早期,由于对水处理过程的认识不足,环境污染对水质与人类健康的影响不显著,以及水厂检验水平较低等原因,往往只是把常规处理流程套用到新的设计中去,而不是通过水处理试验以取得需要的设计数据。水处理试验仅限于做一些杯罐试验。

而随着对水处理试验重要性的逐步认识,实验规模从杯罐实验发展到中试规模,甚至大型实验。中试实验装置是与处理设备原型具有某种程度的几何相似的模型,处理水量规模达到一定程度称为大型实验。中试及大型实验是水处理技术革新、系统设计和科学研究的重要辅助手段。

对于水处理试验问题的讨论,前人在试验装置的相似性、实验规模和试验时间三个方面有所论述。

1.1.1 实验装置的相似性

对于实验装置的相似性,首先是在两个系统间存在几何相似的关系,这是严格的相似概念所要求的。在水处理实验中,一些模型虽然未能满足这一要求,却是实践中得到证明的、最可靠的设计模型办法,并起到解决生产问题的作用,这种模型可以想象成构成原型的一个单元。在模型中,水中杂质去除的过程与原型构筑物没有差别,这就是单元模型的设计依据。当研究水质处理过程本身时,由于必须要用处理构筑物原型所用的水,而且是同样含有具有原来物理和化学性质的杂质的水,往往只能采用这种单元模型的概念。

单元模型与真正的生产设备原型间主要存在边界效应的差别。边界效应也称壁效应,是由水处理构筑物边壁与内部水力条件的差异引起的。边界效应还会对断面的水流流速分布产生影响,小面积断面和大面积断面间可能存在较大的流速分布差别。水处理实验模型的设计应尽量避免边界效应造成的模型实验结果与构筑物原型处理效果的差异。

1.1.2　水处理实验规模

试验装置的规模涉及的是与试验所代表的过程与原型过程的相似程度问题。根据实践,可以把试验装置的规模分为五级,如表 1-1 所示。表中台架试验是指直接在实验台上进行的水处理试验,一般用 1~2 L 的容器或烧杯等实验室玻璃器皿即可进行,水也不处于流动状态,因之表中未列出流量数值。台架试验的目的在于模拟水处理原型设备中所发生的水处理效应本身,由于设备很小,与原型无几何上的相似关系。杯罐(混凝)试验是台架试验的典型例子。表中从小型到工业规模的试验设备则属于中试装置或大型实验装置的范围。

表 1-1　　　　　　　　　　　　　　　　试验装置规模

规模	大致流量/(m³·h⁻¹)	规模	大致流量/(m³·h⁻¹)
工业试验	>100	小型试验	0.05~0.5
大型试验	10~100	台架试验	—
中型试验	0.5~5		

试验规模的选择是按试验目的考虑的:

(1) 为了取得完全和生产规模全过程一致的运行效果,即在处理过程中,水力学与处理过程的行为完全和生产规模相同,必须采用大型或工业级的试验装置。这类试验所解决的,应该是实践中的经验极少,或者是经验尚不可靠,或者在理论上尚处于发展阶段的水处理问题。

(2) 研究与水力学有关的问题,首先要满足装置的几何相似条件,要用大型以上的试验装置。

(3) 以水处理过程为主要问题的研究,可采用中型到小型的试验装置。

(4) 台架试验一般用于下列情况:①药剂的筛选和剂量选择;②有关处理过程的水质特性参数;③模拟水处理中的最基本过程。

1.1.3　水处理实验周期

水处理试验所需要的时间,与试验的目的和规模密切相关。

试验所需要的时间往往随试验的内容不同而差异很大。当试验只为解决水力学的问题时,数周的时间就可以满足。当试验是为解决处理过程的问题时,一般要进行数月甚至数年。例如原水水质变化复杂,由于试验期间要把原水水质的季节性变化,甚至数年的变化包括在内,甚至又涉及新工艺或新设计概念的试验,就需要更长的时间。这类试验同时也要在中型以上的试验装置中进行。上述的试验时间都是指在水流条件下,中试装置或大型实验的连续运行时间。而简单的台架试验一般是一种间断性的试验,在数小时内即可完成一个试验。

在传统水处理实验教学中,由于受到实验场地、课时安排等因素的限制,实验教学形式以台架试验为主,涉及的水处理问题覆盖面较小,对知识能力培养的助益有限,多种实验教学形式的开发和应用才能使水处理实验教学有效发挥作用。

1.2 水处理工艺中的反应器

传统上给水工程和排水工程是土木工程的两个学科分支,给水处理和排水处理分别是两个分支的一个组成部分。随着水处理技术的发展,习惯上给水处理与排水处理又统称为水处理工程。水处理工程比起给水排水工程的其他组成部分具有鲜明的独特性。水处理是改造原水水质的工程,所解决的问题是如何在水流的条件下,发挥水处理的物理化学的最佳水处理效果。水处理中发生的物化或生化作用是在水流过程中同时发生的,水处理的构筑物虽然也存在结构设计的问题,但现在它已是一个水处理的从属问题,不再是水处理工程的内容了。

1.2.1 水处理反应器的概念

近年来,水处理工程的这种独特性越来越明显,已逐步形成一个独立的学科。这个独立学科虽然从传统意义上说带有土木工程的痕迹,但它所带有的明显特征却倾向于化学和化学工程。

在化工生产中,发生化学反应的容器是整个化工生产的核心。这个反应容器就称为反应器。化学反应是在反应器内的具体动量传递、质量传递和热量传递的综合条件下发生的,因而对反应器的研究必然是一种综合性的研究,从而能够全面地反映反应的真实整体结果。反应器以及伴随而生的化学反应工程成为化学工程的特征学科。水处理工程这一学科的发展也是沿着类似的路径。

近几十年来,在水处理的文献中,开始引入反应器这一术语,并运用了有关反应器的一些理论。反应器理论的引入主要起到两个作用:①通过"水处理效应"这一概念作为处理设备的最基本共性,可以把它们都称为水处理的"反应器",从而能把它们统一起来,在学科上有了更确切的体系;②引入新的理论和方法来研究水处理设备。因此,引入反应器的理论有效推动了水处理工程学科的发展。

在化学工程中只限于产生化学反应的装置称为反应器,与之不同,在水处理中反应器被赋予较广的含义。凡是能起水处理效应的容器或设备都称为反应器。因此水处理各个单元工艺所用的设备统统都称为反应器,池内产生化学沉淀反应的沉淀池和产生重力沉淀的沉淀池都称为反应器,为使冷却水降温的冷却塔也是一个反应器。

与化工生产中进行的化学反应过程一样,水处理过程不仅与工艺本身的特性(相态、反应速度、热效应等)有关,而且与反应器的特性(反应器形式、结构、操作方式等)有关。所谓反应器的特性,实质上就是反映了传递过程的特性,不同的反应器形式(如搅拌釜、鼓泡塔、管式反应器等),不同的操作方式(如间歇操作、连续操作、半连续操作等),物料的流动状况不同,传热与传质的情况也不同。反应器中的影响因素是错综复杂的,为了使实验室的过程有效地放大到工业规模,必须将工艺过程与反应器两方面结合起来进行分析。下面就反应器形式、操作形式和反应器放大方法进行介绍。

1.2.2 水处理反应器的形式

我们用化学工程的研究方法对水处理中的反应器进行阐述。

工业生产上使用的反应器形式多种多样,最常见的分类方式是按相态进行分类。工业生产上应用最广泛的几种反应器形式如表1-2和图1-1所示。

表1-2　　　　　　　　　　　　　　常用反应器类型

相态			反应器类型	工艺构筑物实例
均相	单相	液相	管式、釜式反应器	预氯化、预氧化、预臭氧化管道
非均相	二相	液固	固定床	砂滤池、活性炭池、离子交换柱
			流化床	各种生物流化床污水处理设备
			移动床	连续式移动床离子交换器
		气液	鼓泡塔	臭氧接触池
	三相	气液固	涓流床反应器	生物滴滤池、冷却塔
			淤浆床反应器	活性污泥曝气池、气浮池

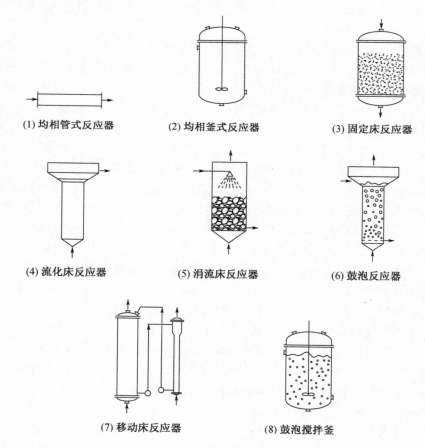

　　(1) 均相管式反应器　　　(2) 均相釜式反应器　　　(3) 固定床反应器

　　(4) 流化床反应器　　　(5) 涓流床反应器　　　(6) 鼓泡反应器

　　(7) 移动床反应器　　　(8) 鼓泡搅拌釜

图1-1　常用反应器的形式

　　(1) 化学工程中均相管式反应器是常用的反应器形式之一。大多采用长径比很大的圆形空管构成,因而得名"管式反应器",多数用于连续气相反应场合,亦能用于液相反应。均相管式反应器中的物料在轴向的返混很小,其流型趋近于平推流;它的管径一般都不太大,径向上能够充分混合。水处理工程中水处理厂外的预投氯、预投臭氧后的预氧化过程都属于典型的均相管式反应器中进行的过程。

(2)搅拌釜式反应器是另一类应用广泛的反应器。其轮廓特征是高径比要比管式反应器小得多,因而成"釜"状或"锅"状。釜内装有一定形式的搅拌桨叶进行搅拌以使釜内物料混合均匀。搅拌釜式反应器可采用间歇或连续两种操作方式,它大多用于液相反应场合。间歇操作的搅拌釜式反应器设备简单、操作方便,特别是清洗和更换物系很方便。连续操作的搅拌釜式反应器,因釜内物料强烈返混造成停留时间分布,通常使反应速率下降。但它便于生产过程的自动控制,不像间歇操作那样有加料、出料等多步操作,因而更适用于大规模的生产要求,能大大减轻劳动强度,稳定产品质量。水处理工程中,机械搅拌絮凝池是典型的连续操作搅拌釜式反应器,而混凝杯罐实验(六联烧杯搅拌实验)则属于典型的间歇操作搅拌釜式反应器反应过程。

(3)固定床反应器是用来进行气/固催化反应的典型设备。常用的固定床反应器下部设有多孔板,板上放置固体催化剂颗粒。气体自反应器顶部通入,流经催化剂床层反应后自反应器底部引出。催化剂颗粒保持静止状态,故称固定床反应器。固定床反应器在石油化工和化学工业中有着极为广泛的应用,而在水处理工程中砂滤池、活性炭滤池、离子交换树脂柱属于典型的固定床反应器,水以一定流速上向或下向流过砂滤料、颗粒活性炭床层或树脂床,达到截留颗粒悬浮物、吸附溶解物质或溶解物质与固相表面发生化学反应的效果。

(4)流化床也是实现气固催化反应的另一种重要反应器类型。它的主体是一个圆筒,底部有一多孔或其他形式的分布板,以使气体均匀分布于床层。气流速度要大到足以使颗粒催化剂呈悬浮状态,此时床层犹如"沸腾"一般,故也称"沸腾床"。它的最大特点是由于床层内气、固两相呈强烈湍动状态,增强了传质和传热,使床层内温度达到均匀,因而特别适合一些强放热反应或对温度很敏感的过程。而水处理过程中的流化床使固体颗粒呈悬浮状态的介质是水,砂滤床、颗粒炭床等的反冲洗过程属于流化床反应过程。污水的生化处理工艺中有时为了使颗粒保持悬浮状态,也会采取搅拌桨搅拌或鼓泡等辅助方式。

(5)固定床与流化床结合在一起的移动床反应器在水处理工程中也有所应用,几种内含微生物膜载体悬浮物的生化处理构筑物、内循环式能够实现连续过滤-洗砂的滤罐等都属于移动床反应器。

(6)气—液相反应器是用来进行气液反应的另一大类反应器。由于气—液反应的复杂性,对不同的反应条件和传质、传热、返混的不同要求,形成多种气液反应器的类型和结构形式。工业气液反应器按外形可分为塔式、釜式和管式等。按其气液两相的接触形态可分为鼓泡塔、填料塔、鼓泡搅拌釜和喷雾塔等。多数有机物的氧化、氯化都采用气液反应器。在水处理中,臭氧接触池可以归为塔式或釜式气液两相反应器,而一些带填料床的接触氧化池(曝气生物滤池)可以归入填料塔气—液两相反应器。

(7)化学工程中气液两相在固体催化剂作用下发生的反应属于气液固三相反应过程。当两股流体以并流向下方式通过催化剂颗粒的固定床层时,称它为涓流床反应器,它实际上是固定床反应器的一种特殊形式。在一些气—液系统中的固体催化剂,以颗粒状或细粉状悬浮于液相中,这类反应器称为淤浆床反应器。水处理中的气—液—固三相反应器也有很多种类,生物滴滤池、填料冷却塔都可以归为涓流床反应器,更普遍的活性污泥曝气池和溶气气浮池与淤浆反应器更为类似。

（8）分离设备是完成分离过程的设备。分离过程是指两组分或多组分的混合物分离成为接近于纯的物质，或者分离成为满足一定组成要求的物质的过程，它是化学工程学科的一个重要分支。分离过程及其设备不仅是为了生产合格的产品所必须具备的手段，而且在化工生产的经济上也具有重要意义。分离设备的投资在化学工业基本建设投资中占有很大比重，炼油和石油化工企业中，分离设备投资占总投资的 $50\%\sim90\%$。

在水处理工程中，通过化学反应将水中杂质消除掉，从而达到净化水质目的的工艺所占比例并不大，更多的工艺单元是通过某种过程将杂质从水中分离出来。水处理中的化学反应往往是为了将水中杂质转化为更容易从水中分离掉的形态。

如前所述，凡是能起水处理效应的容器或设备都称为反应器，因此完全发生物理过程的分离设备也称为水处理反应器。如沉淀池、气浮池、快滤池、膜过滤组件、蒸馏设备等都属于水处理反应器。

1.2.3 反应器的操作形式和理想反应器

反应器的形式多种多样，但从操作形式来分析，可归结为间歇操作搅拌釜、连续操作搅拌釜和管式反应器等基本形式。这几种反应器内物料的流动状况具有典型性，深入研究其中的物料流动情况对水处理过程的影响，将有助于对其他反应器形式的理解。水处理过程的动力学分析也基本以这三种流动状况为基础建立数学模型进行研究。

1.2.3.1 基本的反应器操作形式

1. 间歇操作的搅拌釜

在水处理工程中，使用的处理药剂种类较多、水中杂质去除机理以化学反应为主的一些工业废水的处理，尤其是水量较小、水质变化幅度较大的废水，比较适合这种操作方式。如小规模工业废水的投药中和、化学沉淀、萃取等工艺，宜采用间歇操作；由于设备条件限制，一些野外或临时性水处理设施也采用间歇操作的方式；目前应用范围较广的工业规模的间歇式操作水处理工艺主要是序批式生物反应器工艺（SBR 法）。间歇操作的反应器装置简单，操作方便灵活，适应性强。

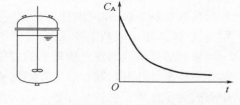

图 1-2　间歇反应釜的浓度变化

这种反应器的特点是物料一次加入，全部物料参加反应的时间是相同的，在有效的搅拌下，釜内各点的温度、浓度可以达到均匀一致，釜内各种物质浓度随时间而变化，所以反应速度也随时间而变化，如图 1-2 所示。

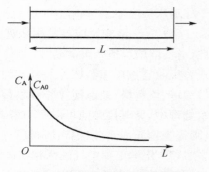

图 1-3　管式反应器的浓度变化

2. 连续操作的管式反应器

这种反应器的特点是物料从反应器的一端进入，从另一端流出；物料顺着流动方向前进，各种反应物的反应时间是管长的函数；反应物浓度、反应速度沿流动方向逐渐降低，在出口处达到最低值，如图 1-3 所示。物料在流动过程中前后相对位置不发生变化。在操作达到稳定状态时,沿管长上任一点的反应物浓度、温度、压力等参数都不随时间而改变,因而反应速度也不随时间而改变。

这种反应器形式在水处理工程中绝大部分不是以管道形式存在,而是以敞开的明渠或竖井的形式存在。例如推流式的活性污泥曝气池、各种水力搅拌絮凝反应池比较接近连续操作的管式反应器。

3. 连续操作的搅拌釜

其构造与间歇操作的搅拌釜没有大的差别。这种反应器的特点是反应器内能够产生强烈的搅拌效果,使物料剧烈翻动,反应器内各点的温度、浓度均匀一致。物料的流进和流出是连续不断的,出口处物料中的反应物浓度与釜内反应物浓度相同。在稳定状态运行时,釜内反应物温度、浓度都不随时间而变化,因此反应速度也保持恒定不变,如图1-4所示。

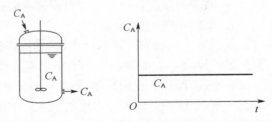

图1-4 连续反应釜的浓度变化

在连续操作的搅拌釜内反应物的浓度与出口物料中的浓度相等,因而釜内反应物的浓度较低,反应速度很慢,效率不高。要达到同样的转化率,连续操作搅拌釜需要的反应时间较其他形式反应器更长,因而需要的反应器容积较大。

而另一方面,在连续操作的搅拌釜内,反应物的浓度和反应速度保持恒定不变,这对某些构筑物维持一个高效运行的处理过程又是非常重要的。例如对于澄清池来说,只有当澄清池下部积累了一定浓度的由水中杂质与絮凝剂反应生成的悬浮泥渣层才能保证一个良好的澄清效果。这种效应类似于化学工程中的自催化反应。因为自催化反应利用反应产物作为催化剂,反应速度与反应物浓度的关系如图1-5所

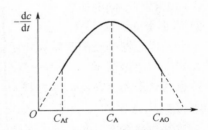

图1-5 自催化反应的反应速度

示。当反应物浓度为某个C_A值时,反应速度最大。利用间歇操作搅拌釜或管式反应器进行这种反应时,由于反应物浓度要经历一个由大变小的过程,所以反应速度都要经历一个由小变大再变小的过程。如采用连续操作的搅拌釜,可以使釜内反应物浓度始终保持在最佳的C_A值,则反应就可以一直保持在最大的速度下进行,大大提高了反应器的生产能力和处理效果。

把反应物浓度保持在一定范围内,对于敏感的生化处理系统也是非常重要的。例如完全混合的活性污泥曝气池,水中底物浓度发生剧烈变化将导致污泥生态系统平衡的破坏,使处理效果迅速恶化。而连续进水的操作形式,使进水底物浓度的短暂波动由于反应器内的稀释作用而不会导致反应器内底物浓度的剧烈变化,从而不会破坏活性污泥曝气池内的生态系统,保持稳定的处理效果。

1.2.3.2 连续操作反应器的流动特性——返混

若连续操作反应器的容积为V_R,物料的体积流量为v,则$V_R/v = \bar{\tau}$就代表物料通过反应器所需要的时间,称为平均停留时间。

在间歇反应器中,物料一次加入,反应完毕后一起放出,全部物料粒子都经历相同的反

应时间,没有停留时间分布;而在连续反应器中,同时进入反应器的物料粒子,有的很快就从出口流出,有的则经过很长时间才从出口流出,停留时间有长有短,形成一定的分布,称为停留时间分布,其平均停留时间 $\bar{t} = V_R/v$。

1. 年龄分布与返混

停留时间分布有两种:一种是对反应器内的物料而言,称为器内年龄分布,简称年龄分布;另一种是对反应器出口的物料而言,称为出口年龄分布,也称寿命分布。

1) 年龄分布

从进入反应器的时间点开始算年龄,到分析所处的时间点为止,反应器内的物料粒子,有的已经停留了 1 s(年龄 1 s),有的已经停留了 10 s(年龄 10 s)……这些不同年龄的物料粒子混在一起,形成一定的分布,称为年龄分布。而不同年龄的物料粒子混在一起的现象称为返混。所以,返混是时间概念上的混合,是反应器内不同停留时间的物料粒子的混合,它与停留时间分布联系在一起,有返混就必然存在停留时间分布;反之,如果没有停留时间分布,则不存在返混。如在间歇反应釜内,强烈的搅拌作用使釜内各处物料均匀混合,但由于物料是一次加入,反应完毕一起放出,全部离子在釜内的停留时间相同,所以不存在返混现象。在连续管式反应器中,虽然在层流流动时粒子之间互不干扰,但圆管中心的粒子流速最大,停留时间最短;靠近管壁的粒子流速小,停留时间长,速度不均,造成了停留时间分布,引起管式混合器中返混。所以,返混是连续操作反应器中特有的现象。它与一般所谓在空间上的混合均匀具有不同的概念。

2) 寿命分布

从进入反应器的瞬间开始算年龄,到所考虑的瞬间为止,在反应器出口的物料中,有的粒子在器内已经停留了 5 s,有的已经停留了 8 s……因为这些粒子已经离开反应器了,它们的年龄也就是寿命。在出口的物料中,不同寿命的粒子混在一起,形成一定的分布,称为寿命分布。

年龄分布与寿命分布之间存在一定的关系,已知其中一种分布,即可求出另一种分布。由于反应器内的物料容积大,取样难以代表整个反应器的情况,所以,一般都是通过实验测定寿命分布。

3) 返混产生的原因

产生返混的原因很多,归纳起来大致有下列 5 种。

(1) 涡流与扰动。管式反应器进出口、转弯等不规则内部结构产生的涡流与扰动,引起物料粒子间的轴向混合,造成返混。

(2) 速度分布。管式反应器中沿径向各点的流速不同,因而停留时间的长短不同,引起返混。

(3) 短流。填料床中由于填料不匀等原因造成短流,物料粒子以不同的流速通过反应器,引起返混。

(4) 倒流。连续搅拌釜中由于搅拌作用引起物料倒流,造成返混。

(5) 短路与死角。连续反应器中由于短路与死角使物料粒子在反应器内的停留时间不同,造成返混。

2. 返混对反应过程的影响

由于返混,物料粒子的停留时间长短不一,停留时间短的粒子还未反应完全就离开了反应器,而停留时间长的粒子可能进一步反应生成副产物。所以,总的来说,返混会使物料的反应效果、生出物质量降低。

此外,返混还使反应物的浓度降低。以间歇反应釜与连续反应釜作比较,若两者进行同一反应,且转化率相同,则因前者不存在返混,反应物的浓度随时间而变化,从开始时 C_{A0} 降为反应结束时的 C_A;而后者由于返混程度很大,反应物一进入釜内,就立刻与釜内物料混合,浓度降为 C_A,反应始终在最低的浓度 C_A 下进行,所以反应速度小,需要的反应器容器大。可见,连续操作本身并不意味着强化生产。

在某些情况下返混可能是有利的。如前述的自催化反应,采用连续搅拌釜,可以使釜内反应物浓度保持在最佳浓度下反应,需要的反应器容积将最小、反应效果最好。

1.2.3.3　理想反应器

流体流动情况对化学反应的影响,归根结底还是在于它们的返混程度不同。所以,根据返混程度的大小,可以将流动情况分为 3 种类型。

(1)平推流。这是不存在返混的一种理想流动形式,其特点是流体通过细长管道时,在与流动方向成垂直的截面上,各粒子的流速完全相同,就像活塞平推过去一样,故称为平推流,也称为活塞流。流体粒子在流动方向(轴向)上没有混合与扩散,所以,同时进入反应器的粒子将同时离开反应器,即物料粒子的停留时间都是相同的。细长类型的管式反应器,当雷诺数(Re)数很大时,流动情况近似平推流。

(2)全混流是返混程度最大的一种理想流动形式,其特点是物料一进入反应器就立即均匀分散在整个反应器内且在出口同时可检测到新加入的物料粒子。反应器内物料的温度、浓度完全均匀一致且分别与出口物料的温度、浓度相同。物料粒子在反应器内的停留时间有长有短,分布得最分散。连续搅拌釜内的物料流动情况近似于这种形式。

(3)中间流。返混程度介于平推流和全混流之间,即具有部分返混的流动形态,也称为非理想流动。

流动情况为平推流的反应器称为平推流(或活塞流)反应器,以 PFR 表示;流动情况为全混流的反应器称为全混流反应器,以 CSTR 表示。这两种反应器与间歇反应器,它们的返混程度或是零,或是最大,都属于理想反应器。

实际生产中,连续操作的反应器内都存在不同程度的返混,物料的流动情况为中间流,称为非理想反应器。非理想反应器数学模型的建立可以用若干全混流反应器串联起来的方式替代。这种串联起来的全混流反应器称为阶式全混流反应器,当阶数较多时,其作用相当于一个活塞流反应器。

1.3　反应器的设计放大

为了研究化学过程,研究者于 1930 年建立了单元操作,其目的是将化学反应进行分类,探求各类反应的机理及其与设备之间的相互关系。但由于人们对工业反应过程的复杂性还认识不足,一开始就把反应机理作为重点,而把反应设备只放在从属的位置,忽视了传热和传质等过程对化学反应的影响,因而,一直未能建立其工程学的体系。长期以来,反应器的设计主要是依靠经验。后来有人提出了应用动力学和反应器设计的概念,认为工程学的目的应是合理设计反应器,确定最佳操作方案。他们将化学反应速度方程式与传递过程诸因素结合起来,定量地描述了传递现象对化学反应的影响,从而开辟了数学模拟法研究反应过程的路径。特别是在 20 世纪 50 年代后,由于化学动力学和化工单元操作在理论与实验方面取得了较大的进展,从理论上系统地解决反应器的设计与放大问题有了实际的可能,因此数学模拟法得到了迅速发展。

从 20 世纪 70 年代起,在水处理的文献中开始引入"反应器"这一术语,并运用了反应器的一些理论。水处理反应器——工程或实验装置构筑物的设计,也是从最初的主要依据经验逐渐向通过物理化学过程即动力学和流体力学计算分析相结合的过程发展。

水处理实验的目的之一是指导水处理工程建设,为水处理工程评价处理方法、运行条件和构筑物形式。水处理实验的结果可以作为参照,设计出与小型实验装置处理效果相同的大型水处理构筑物,也就是将实验中验证有效的实验装置通过某种方法放大,指导实际水处理工程构筑物的设计。

一般来说,实验中反应器的放大有以下几种方法。

1.3.1　经验放大法

经验放大法的依据是空时得率相等的原则,即假定单位时间内,单位体积反应器所生产的产品量(或处理的原料量)是相同的。因此,根据给定的生产任务,通过物料衡算,求出为完成规定的生产任务所需处理的原料量后,取用空时得率的经验数据,即可求得放大后的反应器所需要的容积。

采用经验法的前提是:新设计的反应器必须能够保持与提供经验数据的装置完全相同的操作条件。实际上,由于生产规模的改变要做到完全相同是困难的。所以这种方法不精确,放大倍数都是比较小的,而且只能应用在反应器的形式、结构以及操作条件等相近似的情况下。如果希望通过改变操作条件以及反应器的结构来改进反应器的设计,或进一步寻求反应器的最优化设计与操作方案,经验法是无能为力的。

虽然经验法有上述缺点,但由于一些物理化学过程非常复杂,物料体系中物相多种多样,化学动力学方面的研究常常又不够充分,在缺乏基础数据的情况下,要从理论上精确地计算反应器是不可能的,这时利用经验法却能简便地估算出所需要的反应器容积。所以经验放大法在目前的应用仍然非常广泛。

水处理工程中,很大一部分构筑物的设计还是采用经验放大法。根据设计规范或实验数据确定反应器的停留时间,再根据规模计算反应器容积,然后结合其他设计参数确定构筑物各部分尺寸。工艺核心是生物化学或化学过程的反应器设计都要计算容积大小,这类反应器的设计一般对水力学参数条件控制较为粗放。

1.3.2　相似放大法

生产设备以模型设备的某些参数按比例放大,即按相似准数相等的原则进行放大的方法称为相似放大法。例如,按设备几何尺寸成比例来放大称为几何相似放大;按 Re 数相等的原则进行放大称为流体力学相似放大等。但是在工业反应器中,化学反应与流体流动、传热及传质过程交织在一起,要同时保持几何相似、流体力学相似、传热相似、传质相似和反应相似是不可能的,因此相似放大法只有在某些情况下才有可能应用。例如,纯粹是扩散控制的过程,即反应速度足够快,总的速度完全取决于物质的传递扩散速度时,就不必考虑反应的相似问题,只需要像对待物理过程一样,保持流体力学、传热和传质的相似就可以了。在一般情况下,既要考虑反应的速度,又要考虑传递过程的速度,采用局部相似的放大方法不能解决问题,所以相似放大法主要用于以物理过程为主、对水力条件参数控制要求较高的反应器的放大。

以混凝杯罐实验为例。在杯罐实验设备中所发生的混凝过程相当于一个微型的间歇式完全混合反应器的混凝过程。杯罐设备与生产设备——絮凝池相比,不仅外形不相似,而且尺寸相差也极其悬殊,水又处于非流动状态。即使如此,杯罐实验的数据仍可用来指导生产规模设备的设计。

已证明,在原水中只有一种粒径的原颗粒时,G 和 GT 值能对整个絮凝过程起控制参数的作用。如果把这一概念扩大到适用于多种原颗粒并进一步认为,混凝过程中的各种大小颗粒间的碰撞数强度和碰撞数总量可用 G 和 GT 两个参数来反映,则可把 G 和 GT 解释为混凝过程的相似准数。由于 G 值主要代表了对单位体积的水所输入功率的搅拌作用,而搅拌总是产生颗粒间相互碰撞的最基本因素,因此,可用 G 值反映形成絮体的适宜碰撞次数强度,GT 值反映产生絮体所需的有效碰撞总次数,有效碰撞指颗粒相碰后即聚集在一起,因而 GT 也就是一个絮体内所含颗粒总数的反映,也就是絮体粒度大小的反映。长期以来,应用杯罐试验与实际装置进行效果比较获得的经验数据提供了 G 和 GT 值可以作为混凝过程相似准数的充分依据。20 世纪 70 年代以后,应用杯罐试验研究混凝过程的文献,都改用 G 和 GT 值代替搅拌转数来分析评价混凝的效果,并对一些试验用的搅拌桨形式求出 G 值与搅拌桨转数的关系;也有人直接提出,絮凝池的设计应采用通过杯罐试验所提供的 G 和 GT 值。

1.3.3　数学模拟放大法

数学模拟放大法的基础是数学模型,所谓数学模型就是描述工业反应器中各参数之间关系的数学表达式。

由于工业反应过程的影响因素错综复杂,要用数学形式完整地、定量地描述过程的全部真实情况是无法实现的,因此首先要对过程进行合理的简化,提出物理模型,用它来模拟实际的反应过程,再对物理模型进行数学描述,即得数学模型。有了数学模型,就可以在计算机上就各参数的变化对过程的影响进行计算。而如果在实验室内进行这样的研究,就要消耗大量的人力、物力和时间。

用数学模拟法进行工程放大,能否精确地预计大设备的行为,决定于数学模型的可靠性。因为简化后的模型会与实际过程有某种程度的出入,所以要将模型计算的结果与中间试验或生产设备的数据进行比较,再对模型进行修正。对一些规律性认识得比较充分、数学模型已经成熟的反应器,就可以大幅度地提高放大倍数,以至于省去中间试验,而根据实验室小试数据直接进行工程放大。

目前国内外在污水处理中运用数学模型进行辅助设计或优化运行的项目已不鲜见。

从 20 世纪 80 年代至今,国际水协会(IWA)先后建立了四种活性污泥模型,这些模型结合计算机编程,已经整合为多种程序和软件,这些软件促进了污水处理的设计与运行优化。以活性污泥 1 号模型为例,活性污泥系统的模拟行为可以概括为以下几个要素:

（1）活性污泥系统行为包括碳氧化、硝化和反硝化过程；

（2）模型必须确定系统内各个组分之间所发生的各种反应，即系统内发生的基本工艺过程；

（3）模型通过动力学和化学计量学两个方面，对上述工艺过程实现量化，以保证可以通过数学模型进行预测。其中，动力学主要表达速率与浓度的相关性，化学计量学主要表达某一组分与系统内多个其他组分之间的质量关系；

（4）模型以矩阵的形式表述了系统中发生的生化过程对模型组分转变及转化的影响；

（5）模型应用系统界限内的物料平衡。

活性污泥 1 号模型（ASM1）所包含的 13 种组分中有机组分均以 COD 为浓度单位计量；碱度（S_{ALK}）采用摩尔 HCO_3^- 为浓度单位。COD 组分表征是活性污泥模型的基础性和关键性问题，污水水质特性与模型组分（$i=1\sim7$）可建立对应关系。

模型的基本工艺过程包括生物量的增长、衰减、有机氮的氨化、吸附在生物絮体中的颗粒性有机物的水解。活性污泥 1 号模型（ASM1）基于上述四种工艺过程，将活性污泥生物反应过程分解为 8 个生物反应子过程。

模型共包括 19 个参数，其中 5 个为化学计量系数，另外 14 个为动力学参数。

模型采用矩阵表示活性污泥系统中各个组分之间的变化规律和相互关系。各组分（i）作为矩阵的列元素，反应过程（j）作为矩阵的行元素。每个组分的生物反应速率等于该组分在各个生物反应过程中的速率之和，用数学方程可表示为

$$r_j = \sum V_{ij} \cdot \rho_j \qquad (1-1)$$

式中　　r_j——第 i 个组分在活性污泥系统中的生物反应速率；

　　　　V_{ij}——第 i 个组分在第 j 个过程中的化学计量系数；

　　　　ρ_j——第 j 个生物反应过程基本速率的数学表达式。

数学模型公布以后，出现了许多基于这些模型编制的程序和软件，在污水处理工程设计、改造和运行优化中发挥了作用。以某软件为例，其使用方法如下：

（1）确定模拟项目的目标及范围；

（2）获取并评估校准数据，必要时，还需进行采样和后期试验以补充模型所需数据；

（3）利用模型软件建立模拟模型；

（4）利用污水处理场的运行数据校准模拟模型，这也是调整模型参数的过程，是工作的难点；

（5）利用独立的数据验证步骤（4）中已校准的模拟模型；

（6）利用已建立的模型进行模拟分析，分析成果可以用于指导污水处理厂的设计与运行。

污水处理的实践发展至今，运用集成化的模型，并辅以计算机软件平台进行设计已经成为必然趋势。将模块软件应用于工程设计，需要准确地把握基本工艺机理，理解模型组分、参数的实际意义，并将这些理论结合到工程实例中，才能保证污水处理设计的质量。

第 2 章　水处理工艺通用设备——泵阀

　　水处理系统要达到预期的处理效果,不但各工艺单元反应器的设计要达到较高的要求,水处理过程中,水、气、药剂以及污泥等介质的存在形态和流动状态、运行条件的调整和切换都要达到预定的状态。因此,在水工艺设备满足工艺要求的同时,泵阀等通用设备的选型和运行也至关重要。水处理工艺设备在传统水处理实验教学中已有所涉及,在此仅就部分主要的通用设备加以介绍。水工程中常用的通用机械设备有闸门与闸门启闭机、电动机、减速机、起重设备、阀门与阀门电动装置、泵与风机等,本章只介绍与实验直接相关的泵、风机、阀门等设备。

　　泵、阀是所有由液体和气体参与的工业过程系统中不可或缺的构件。水处理工程中,水泵、其他液体泵、气泵和各种阀门也是协助完成各个工艺过程的重要设备,不同的介质和工艺过程选用适合的泵阀是保障系统高效稳定运行的重要物质条件。

2.1　水处理过程使用的泵

　　泵是用以增加液体或气体的压力,是用来移动液体、气体或特殊流体介质的装置,即是对流体做功的机械。水处理过程中,水、药剂溶液、泥浆、空气、氯气等各种流体介质要经过泵装置提供动力来实现物质传递,以完成各种物理化学过程。根据这一定义,风机也是一种泵(气泵),也在此做简单介绍。

2.1.1　液泵的作用原理

　　液泵按照用途、结构、材质、作用原理等不同的分类方法可以有很多种类别,按照作用原理的不同可以分为下列一些常用泵的类型。

　　(1) 离心泵、混流泵、轴流泵都属于非容积式泵或透平泵。这些类型的泵都是靠叶轮的旋转给水以压力和速度等两种能量,当介质通过泵体时,尽可能高效率地将动能转变为压力能,以便由低处向高处(或由低压区向高压区)扬水。三种类型的泵获得压力的方法各有不同,离心泵是借离心力的作用使水获得压力,轴流泵是借叶片给水以升力而产生压力。而混流泵是一部分借离心力,另一部分借叶片的升力以使水获得压力。

　　(2) 往复泵,属于容积式泵,借助泵缸中的活塞或柱塞的往复运动,使缸内的容积扩大或缩小,扩大时进行吸水,缩小时则将水排出。

　　(3) 转子泵,也属于容积式泵,这种泵是由内部呈各种形状的泵体和与其保持最小间隙并且旋转的(称为转子的)回转部分所组成,借助轴的旋转将液体自泵的入口向其出口压出。在这一点上,它与往复泵的活塞在缸内将液体压出的作用是相同的。转子泵有很多种类型,齿轮泵、叶片泵及螺杆泵等都是其中之一种。

（4）喷射泵，是将高压水从小的圆锥形喷嘴喷出，将其能量给予周围的水，以达到扬水的目的。

（5）空气升液泵，将压缩空气用细管导入水中深处，空气从细管末端在水中扩散为细微的气泡，此时水因与气泡混合而变轻，并且因气泡而上升，其混合液便克服管中的摩擦阻力而形成上升运动。这样一来，压缩空气存有的能量给予水，而完成泵的作用。空气升液泵作为深井泵，在一些特殊情况下使用。

（6）旋涡泵，这种泵是借助一个在轮缘切成许多沟槽的轮盘的旋转，使得轮盘与泵体间的液体连续地产生许多旋涡，发生运动而进行扬水。

2.1.2 常用泵简介

2.1.2.1 离心泵

离心泵属叶片式泵，具有性能范围广、流量均匀、结构简单、运转可靠和维修方便等优点，因此其在工业生产中应用最为广泛。

1. 离心泵的工作原理

离心泵主要由叶轮、轴、泵壳、轴封及密封环等组成。一般离心泵启动前泵壳内要灌满液体，当原动机带动泵轴和叶轮旋转时，液体一方面随叶轮作圆周运动，另一方面在离心力的作用下自叶轮中心向外周抛出，液体从叶轮获得了压力能和速度能。当液体流经蜗壳到排液口时，部分速度能将转变为静压力能。在液体自叶轮抛出时，叶轮中心部分造成低压区，与吸入液面的压力形成压力差，于是液体不断地被吸入，并以一定的压力排出。

2. 离心泵的结构（图 2-1）

（1）泵壳，有轴向剖分式和径向剖分式两种。大多数单级泵的壳体都是蜗壳式的，多级泵径向剖分壳体一般为环形壳体或圆形壳体。一般蜗壳式泵壳内腔呈螺旋形液道，用以收集从叶轮中甩出的液体，并引向扩散管至泵出口。泵壳承受全部的工作压力和液体的热负荷。

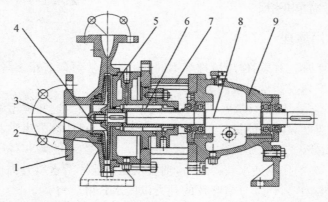

1—泵壳；2—叶轮；3—密封环；4—叶轮螺母；5—泵盖；6—密封部件；7—中间支撑；8—传动轴；9—悬架部件

图 2-1 单级离心泵结构

（2）叶轮，是唯一的做功部件，泵通过叶轮对液体做功。叶轮形式有闭式、开式、半开式三种。闭式叶轮由叶片、前盖板、后盖板组成。半开式叶轮由叶片和后盖板组成。开式叶轮只有叶片,无前、后盖板。闭式叶轮效率较高,开式叶轮效率较低。

(3) 密封环,其作用是防止泵的内泄漏和外泄漏,由耐磨材料制成的密封环,镶于叶轮前、后盖板和泵壳上,磨损后可以更换。

(4) 轴和轴承,泵轴一端固定叶轮,一端装联轴器。根据泵的大小,轴承可选用滚动轴承和滑动轴承。

(5) 轴封一般有机械密封和填料密封两种。一般泵均设计成既能装填料密封,又能装机械密封。

3. 离心泵的性能参数(图 2-2)

(1) 流量 Q,是指泵在单位时间内由泵出口排出液体的体积量,以 Q 表示,单位是 m^3/h 或 m^3/s。

(2) 扬程 H,是指单位质量的液体通过泵后获得的能量,以 H 表示,单位是 m,即排出液体的液柱高度。

(3) 转速 n,是指泵轴单位时间内的转数,以 n 表示,单位是 r/min。

(4) 功率。

①有效功率 P_u,是指单位时间内泵输送出的液体获得的有效能量,也称输出功率。②轴功率 P_a,是指单位时间内由原动机传到泵轴上的功,也称输入功率,单位是 W 或 kW。

(5) 效率 η,是泵的有效功率与轴功率之比。

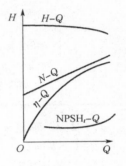

图 2-2　离心泵的典型特性曲线

4. 离心泵

离心泵如此广泛应用的原因是由于它具有下列的优点:

(1) 它可以与现今最通用的电动机直联运转,又可借带传动及齿轮传动装置简便地进行运转。

(2) 它可以在广泛的流量和扬程范围内使用。

(3) 与其他形式的泵相比较,它的重量轻、体积小,安装方便。

(4) 构造简单,操作容易,由于滑动部分少,所以故障少,寿命长。

(5) 效率较高,排液时并无脉动。

5. 离心泵结构分类

离心泵的按结构分类如表 2-1 所示。

表 2-1　　　　　　　　　　　　　　　　离心泵结构分类

分类方式	类型	特　　点
按吸入方式	单吸泵	液体从一侧流入叶轮,存在轴向力
	双吸泵	液体从两侧流入叶轮,不存在轴向力,泵的流量几乎比单吸泵增加一倍
按级数	单级泵	泵轴上只有一个叶轮
	多级泵	同一根泵轴上装两个或多个叶轮,液体依次流过每级叶轮,级数越多,扬程越高
按泵轴方位	卧式泵	轴水平放置
	立式泵	轴垂直于水平面

（续表）

分类方式	类型	特　　点
按壳体形式	分段式泵	壳体按与轴垂直的平面剖分,节段与节段之间用长螺栓连接
	中开式泵	壳体在通过轴心线的平面上剖分
	蜗壳泵	装有螺旋形压水室的离心泵,如常用的端吸式悬臂离心泵
	透平式泵	装有导叶式压水室的离心泵
特殊结构	潜水泵	泵和电动机制成一体浸入水中
	液下泵	泵体浸入液体中
	管道泵	泵作为管道一部分,安装时无须改变管道
	屏蔽泵	叶轮与电动机转子连为一体,并在同一个密封壳体内,不需采用密封结构,属于无泄漏泵
	磁力泵	除进、出口外·泵体全封闭,泵与电动机的连接采用磁钢互吸而驱动
	自吸式泵	泵启动时无须灌液
	高速泵	由增速箱使泵轴转速增加,一般转速可这 10 000 r/min 以上,也称部分流泵或切线增压泵
	立式筒袋泵	进出口接管在上部同一高度上,有内、外两层壳体,内壳体由转子、导叶等组成,外壳体为进口导流通道,液体从下部吸入

2.1.2.2　轴流泵和混流泵

1. 轴流泵

（1）工作原理与结构,轴流泵是流量大、扬程低、比转数高的叶片式泵,轴流泵的液流沿转轴方向流动,但其设计的基本原理与离心泵基本相同。

轴流泵的结构和特性曲线如图 2-3 所示。过流部件由进水管、叶轮、导叶、出水管和泵轴等组成,叶轮为螺旋桨式。

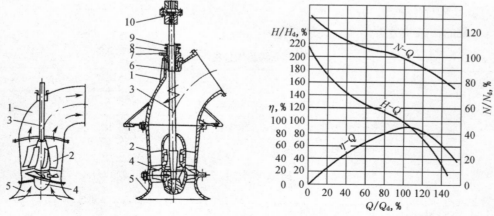

1—出水弯管；2—导叶；3—泵轴；4—叶轮；5—进水管；6—轴承；7—填料盒；
8—填料；9—填料压盖；10—联轴器

图 2-3　轴流泵的结构和特性曲线

（2）轴流泵的分类根据叶轮的叶片是否可调,轴流泵可分为固定叶片式轴流泵(叶片不可调),半调节叶片式轴流泵(停机拆下叶轮后可调节导叶安装角)和全调节叶片式轴流泵(有一套调节机构使泵在运转中可以调节导叶安装角)等。

（3）轴流泵的特点

① 轴流泵适用于大流量、低扬程。

② 轴流泵的 H-V 特性曲线很陡,关死扬程(流程 $Q = 0$ 时)是额定值的 $1.5\sim2$ 倍。

③ 与离心泵不同,轴流泵流量越小,轴功率越大。

④ 高效操作区范围很小,在额定点两侧效率急剧下降。

⑤ 轴流泵的叶轮一般浸没在液体中,因此不需考虑汽蚀,启动时也不需灌泵

（4）流量调节:轴流泵一般不采用出口阀调节流量,常用改变叶轮转速或改变导叶安装角度的方法调节流量。

2. 混流泵

混流泵内液体的流动介于离心泵与轴流泵之间,液体斜向流出叶轮,即液体的流动方向相对叶轮而言既有径向速度,也有轴向速度。其特性也介于离心泵与轴流泵之间。

2.1.2.3   旋涡泵

1. 旋涡泵的工作原理

旋涡泵(也称涡流泵)属于叶片式泵。旋涡泵通过旋转的叶轮叶片对流道内液体进行三维流动的动量交换而输送液体。

泵内的液体可分为两部分:叶片间的液体和流道内的液体。当叶轮旋转时,叶轮内的液体受到的离心力大,而流道内液体受到的离心力小,使液体产生旋转运动,又由于液体跟着叶轮前进,使液体产生旋转运动,这两种旋转运动合成的结果,就使液体产生与叶轮转向相同的“纵向旋涡”。此纵向旋涡使流道中的液体多次返回叶轮内,再度受到离心力作用,而每经过一次离心力的作用,扬程就增加一次。因此,旋涡泵具有其他叶片泵所不能达到的高扬程。

2. 旋涡泵的结构

旋涡泵的结构如图 2-4 所示,过流部件主要由叶轮和具有环形流道的泵壳组成。旋涡泵叶轮有开式和闭式两种,通常采用闭式叶轮。叶片由铣出的径向凹槽制成。泵的吸入口和排出口开在泵壳的上部,用隔舌分开。

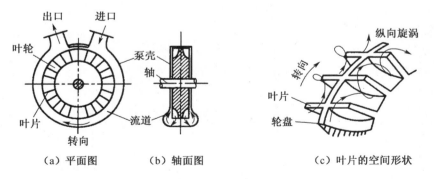

（a）平面图   （b）轴面图   （c）叶片的空间形状

图 2-4   旋涡泵结构示意

3. 旋涡泵的特点

(1) 因液体在旋涡泵流道内的冲击损失较大,因此效率较低,一般不超过 45%,通常为 36%~38%。

(2) 旋涡泵结构简单,工作可靠,具有自吸能力,但汽蚀性能较离心泵差。

(3) 旋涡泵可输送含气量大于 5% 的介质,不适用于输送黏度大于 115 MPa·s 的介质 (否则会使泵的扬程和效率大幅下降)和含固体颗粒的介质。

(4) 旋涡泵不能采用出口阀调节流量,只能采用旁路调节。

(5) 旋涡泵一般具有自吸能力(有的需外加自吸装置),启动时不需灌泵,应开阀启动。

4. 旋涡泵的应用范围

旋涡泵常用于输送易挥发的介质(如汽油、酒精等)以及流量小、扬程要求高、但对汽蚀性能要求不高或要求工作可靠和有自吸能力的场合(如移动式消防泵)等。

2.1.2.4 容积式泵

容积式泵是利用泵缸内容积的变化输送液体的泵,分为往复泵和回转泵。活塞泵、柱塞泵、隔膜泵属于往复泵,齿轮泵、螺杆泵、滑片泵属于回转泵。

1. 容积式泵的性能参数

(1) 流量 Q,是指泵输出的最大流量,即样本和铭牌上标记的泵流量,也称额定流量。往复泵、螺杆泵和齿轮泵的流量可分别按下列各式计算。

(2) 出口压力 p,指泵允许的最大出口压力,以此来决定泵体的强度、密封和原动机功率。泵实际操作时的出口压力取决于出口管道的背压,要求应小于泵允许的最大出口压力。

(3) 轴功率 P_a 和效率 η。

2. 容积式泵的工作特点

(1) 容积式泵的理论流量 Q。与管道特性无关,只取决于泵本身,而提供的压力只决定于管道特性,与泵本身无关。容积式泵的排出压力升高时,泵内泄漏损失加大,因此泵的实际流量随压力的升高而略有下降(图 2-5)。

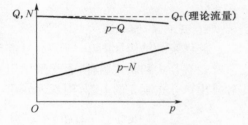

图 2-5 容积式泵的性能曲线

(2) 泵的轴功率随排出压力的升高而增大,泵的效率也随之而提高,但压力超过额定值后,由于内泄漏量的增大,效率会有所下降。

(3) 随着液体黏度增大和含气量的增加,泵的流量下降,效率下降。

(4) 容积式泵必须装有安全阀。

(5) 容积式泵的流量不能采用出口调节阀来调节。常用旁路调节、转速调节和行程调节的方法调节流量。

(6) 容积式泵启动前不用灌泵,但启动前务必打开出口阀。

2.1.2.5 往复泵

往复泵包括活塞泵、柱塞泵和隔膜泵,适用于输送流量较小、压力较高的各种介质。当流量小于 $100 \ m^3/h$、排出压力大于 10 MPa 时,有较高的效率和良好的运行性能。

1. 往复泵的结构

往复泵由液力端和动力端组成。液力端直接输送液体,把机械能转换成液体的压力能;动力端将原动机的能量传给液力端。

动力端由曲轴、连杆、十字头、轴承和机架等组成。液力端由液缸、活塞(或柱塞)、吸入阀和排出阀、填料函和缸盖等组成。

2. 往复泵的工作原理

如图 2-6 所示,当曲柄以角速度 ω 顺时针旋转时,活塞向右移动,液缸的容积增大,压力降低,被输送的液体在压力差的作用下克服吸入管道和吸入阀等的阻力损失进入到液缸。当曲柄转过 180°以后活塞向左移动,液体被挤压,液缸内液体压力急剧增加,在这一压力作用下吸入阀关闭而排出阀被打开,液缸内液体在压力差的作用下被排送到排出管道中。当曲柄以角速度 ω 不停地旋转时,往复泵就不断地吸入和排出液体。

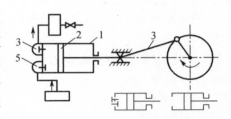

1—气缸;2—活塞;3—曲柄连杆机构;
4—排气阀;5—吸气阀

图 2-6　往复泵工作原理图

3. 往复泵的分类

(1) 按工作机构可分为活塞泵、柱塞泵和隔膜泵;按作用特点可分为单作用泵、双作用泵和差动泵;按缸数可分为单缸泵、双缸泵和多缸泵。

(2) 根据动力端特点可分为曲柄连杆机构、直轴偏心轮机构等。

(3) 根据驱动特点可分为电动往复泵、蒸汽往复泵和手动泵等。

(4) 根据排出压力 P_d 大小可分为低压泵($P_d \leqslant 4$ MPa)、中压泵(4 MPa$<P_d<$32 MPa)、高压泵(32 MPa$\leqslant P_d<$100 MPa)和超高压泵($P_d \geqslant 100$ MPa)。

(5) 根据活塞(或柱塞)往复次数 n 可分为低速泵($n \leqslant 80$ r/min)、中速泵(80 r/min$<n<$250 r/min)、高速泵(250 r/min$\leqslant n<$500 r/min)和超高速泵($n \geqslant 550$ r/min)。

4. 往复泵流量的不均匀度

往复泵因流量不均匀会造成排出压力的脉动,当排出压力的变化频率与排出管道的自振频率相等或成整数倍时,将会引起共振,同时会使原动机的负载不均匀,缩短往复泵和管道的使用寿命,也使泵的吸入条件变坏,减少往复泵流量脉动的方法如下。

(1) 选用多缸往复泵或双作用泵。

(2) 在往复泵的进、出口装设缓冲罐。

2.1.2.6　计量泵

计量泵也称定量泵或比例泵。计量泵属于往复式容积泵,用于精确计量,通常要求计量泵的稳定性精度不超过±1%。

计量泵可以计量输送易燃、易爆、腐蚀、磨蚀、浆料等各种液体,在化工和石油化工装置中经常使用,在水处理中是进行混凝剂等药剂投加的主要设备。

1. 计量精度

计量精度是稳定性精度(E_s)、复现性精度(E_{ra})和线性度(E_L)的总称,是衡量计量泵计量准确性和优劣的重要依据。

(1) 稳定性精度 E_s,是指在某一相对行程位置连续测得的流量测量值与最大流量的相对极限误差。

（2）复现性精度 E_{ra}，是指间断测得的一组流量测量值对最大流量的相对极限误差。

（3）线性度 E_L，是指在任一相对行程长度测得的单个流量测量值和对应的标定流量之差相对最大流量之比。

API 675 标准规定，计量泵在 0～100％额定流量范围内可调节，且在 10％～100％额定流量下，稳定性精度不超过 ±1％，复现性精度和线性度不超过 ±3％。GB 9236 标准规定，计量泵在 0～100％额定流量范围内可调，且在额定条件和最大行程长度处的流量计量精度应不低于 ±1％。

当计量泵在 10％额定流量以下操作时，计量精度下降较大，故一般不宜在 10％额定流量以下操作。选型时最好考虑泵的操作点在 30％额定流量以上。

2. 计量泵的种类和特点

根据计量泵液力端的结构类型，常将计量泵分成柱塞式、液压隔膜式、机械隔膜式和波纹管式四种。

（1）柱塞式计量泵如图 2-7 所示，与普通往复泵的结构基本一样，其液力端由液缸、住塞、吸入和排出阀、密封填料等组成，除应满足普通往复泵液力端设计要求外，还应对泵的计量精度有影响的吸入阀、排出阀、密封等部件进行精心设计与选择。

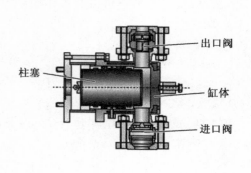

图 2-7　柱塞式计量泵结构　　　　图 2-8　单隔膜计量泵结构示意

（2）液压隔膜式计量泵通常称为隔膜计量泵。如图 2-8 所示为单隔膜计量泵，在柱塞前端装有一层隔膜（柱塞与隔膜不接触），将液力端分隔成输液腔和液压腔。输液腔连接泵吸入、排出阀，液压腔内充满液压油（轻质油），并与泵体上端的液压油箱（补油箱）相通。当柱塞前后移动时，通过液压油将压力传给隔膜并使之前后挠曲变形引起容积的变化，起到输送液体的作用及满足精确计量的要求。

（3）机械隔膜式计量泵其隔膜与柱塞机构连接，无液压油系统，柱塞的前后移动直接带动隔膜前后挠曲变形。

（4）波纹管式计量泵结构与机械隔膜计量泵相似，只是以波纹管取代隔膜，柱塞端部与波纹管固定在一起。当柱塞往复运动时，使波纹管被拉伸和压缩，从而改变液缸的容积，达到输液与计量的目的。

不同类型计量泵的特点比较如表 2-2 所示。

表 2-2	计量泵的特点比较
类型	特　点
柱塞式计量泵	① 价格较低; ② 流量可达 $76\ m^3/h$,流量在 $10\% \sim 100\%$ 的范围内,计量精度可达 $\pm 1\%$,压力最大可达 350 MPa,出口压力变化时,流量几乎不变; ③ 能输送高黏度介质,不适于输送腐蚀性浆料及危险性化学品; ④ 轴封为填料密封,有泄漏,需周期性调节填料,填料与柱塞易磨损,需对填料环进行压力冲洗并排放; ⑤ 无安全泄放装置
机械隔膜式计量泵	① 价格较低; ② 无动密封,无泄漏; ③ 能输送高黏度介质,磨蚀性浆料和危险性化学品; ④ 隔膜承受高应力,隔膜寿命较低; ⑤ 出口压力 2 MPa 以上,流量适用范围较小,计量精度为 $\pm 5\%$。当压力从最小到最大时,流量变化可达 10%; ⑥ 无安全泄放装置
液压隔膜式计量泵	① 无动密封,无泄漏,有安全泄放装置,维护简单; ② 压力可达 35 MPa;流量在 10:1 范围内,计量精度可达 $\pm 1\%$;压力每升高 6.9 MPa,流量下降 $5\% \sim 10\%$; ③ 价格较高; ④ 适用于中等黏度的介质及危险性、毒性、贵重介质
波纹管式计量泵	① 价格较低; ② 无动密封,无泄漏; ③ 适于输送真空、高温、低温介质,出口压力 0.4 MPa 以下,计量精度较低

3. 计量泵的流量调节方式

计量泵常用的流量调节方式有调节柱塞(或活塞)行程、调节柱塞往复次数或兼有以上两种方式等三种方法,其中以调节行程的方式应用最广。该方法简单、可靠,在小流量时仍能维持较高的计量精度。行程调节方式有以下三种。

(1) 停车手动调节,在停车时手动调节计量泵的行程。

(2) 运转中手动调节,在泵运转中改变轴向位移,以间接改变曲柄半径,达到调节行程长度的目的。常用方式有 N 形曲轴调节、L 形曲轴调节和偏心凸轮调节等。

(3) 运转中自动调节常见的有气动控制和电动控制两种。气动控制是通过改变气源压力信号达到自动调节行程的目的。电动控制是通过改变电信号达到自动调节行程的目的。

2.1.3　罗茨风机

风机也是对流体做功的机械,也是一种泵,只不过其作用介质是气体,因此从结构和作用原理上也与水泵有很高的相似度。风机按照出口压力的大小分为通风机($P<0.015\ MPa$)、鼓风机($0.015\ MPa<P<0.35\ MPa$)和空气压缩机($P>0.35\ MPa$)。水处理中应用最普遍的风机是好氧污水生物处理工艺中用于曝气的鼓风机,目前使用最广泛的鼓风机是罗茨风机,我们对罗茨风机进行简单介绍。

2.1.3.1 罗茨风机的基本原理

罗茨风机分卧式和立式两种。它由两个渐开腰形转子(空心或实心)、长圆形机壳、两根平行轴组成。机壳可分为带有水冷、气冷和不设冷却装置三类。传动机构是在两轴的同端装有式样和大小完全相同的且互相啮合的两个齿轮,使主动轴直接与电动机相连,并通过齿轮带动使从动轴作相反方向的转动。其工作原理如图 2-9 所示,每个转子旋转一周,能排挤出两倍机壳与叶轮两个叶瓣间空腔体积的空气,因而主动轴每旋转一周就排挤出 4 倍空腔体积的空气。罗茨风机进、出口合理的布置应为:上端进风下端排风(对卧式而言),这样可以利用高压气体抵消一部分转子与轴的重力,降低轴承压力,减少磨损。

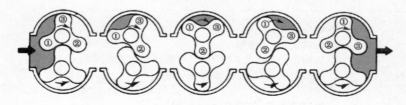

图 2-9　罗茨风机的工作原理

罗茨风机属于容积式风机,输送的风量与转数成比例,各支叶轮始终由同步齿轮保持正确的相位,不会出现互相碰触现象,因而可以高速化,不需要内部润滑,而且结构简单,运转平稳,性能稳定,适应多种用途,已广泛运用于各个领域。与其他类型风机相比,罗茨风机具有显著的特点。

1. 优点

(1) 正常情况下,压力的变化对风量影响很小,风量主要与风机的转速成正比。

(2) 吸气和排气时无脉动,不需要缓冲气罐。

(3) 占地面积小,便于布置和安装。

(4) 转子与转子之间、转子与壳体之间保留有 0.2～0.5 mm 的间隙,不存在摩擦现象,允许气流含有一定粉尘。

(5) 运行可靠,维护方便,耐用。

2. 缺点

(1) 噪声大,进、出口需装设消声器。

(2) 在高真空工况下,叶片间隙漏风加剧,使输送量下降,易造成堵管。

2.1.3.2 罗茨风机的分类和用途

1. 罗茨风机的工作压力

进气口处于大气压附近或高于大气压力状态,以排气口为工作端,称之为罗茨鼓风机。排气口处于大气压附近,以抽气或获取真空为目的,称之为罗茨真空泵。若进气口处于大气压以下,排气口处于大气压以上压力区,可依据工作目的或进、排气表压的高低加以区分。

2. 罗茨风机的用途

(1) 气力输送。气力输送是一种借助气体流动,对固体颗粒进行输送的方式。作为低压气源机械,罗茨鼓风机主要用于散状物料的稀相输送,例如水泥、煤粉、煤灰、大豆、玉米、小麦、面粉、碱粉、铝矾土、磷氨、氯化钾、聚乙烯和聚乙烯颗粒、聚丙烯和聚丙烯颗粒,氯乙烯粉末、聚乙烯醇片和木片等各种粉粒料的输送。

（2）气体输送。鼓风机对气体作加压输送,目的不为输送固体物质,而是为系统中的物理过程或化学反应提供(或抽走)反应气体。例如空气、氢气、氧气、氮气、蒸汽、氯气、煤气、天然气、液化石油气、甲烷、乙烷、丙烷、丁烷、乙烯、一氧化碳、二氧化碳、一氧化二氮、硫化氢和二氧化硫等各种气体的输送。

2.1.4　泵与风机的调节——变频器

泵与风机运行时,其运行工况点需要随着主机负荷的变化而改变。这种实现泵与风机运行工况点改变的过程称为运行工况调节。由于运行工况点是由泵与风机的性能曲线和管路性能曲线的交点所确定的,因此,只要设法改变这两条曲线之一的形状或位置,则均可改变其运行工况点,从而达到调节的目的。泵与风机的运行工况调节方式可分为非变速调节和变速调节两大类。

非变速调节中常用的调节方式主要有:节流调节、分流调节、离心式和轴流式风机的前导叶调节、混流式和轴流式风机的动叶调节、离心泵的汽蚀调节等。

变速调节是指在管路性能曲线不变的情况下,通过改变转速来改变泵与风机的性能曲线,从而改变其运行工况点的调节方式。目前应用最广泛的是异步电动机的变级调速和变频调速。在水处理工艺运行操作中,变频调速是主要的应用方式。

2.1.4.1　变频器的应用

变频调速已被公认为最理想、最有发展前途的调速方式之一,它的应用主要在以下几个方面。

1. 在节能方面的应用

风机、泵类负载采用变频调速后,节电率可以达到20％～60％,这是因为风机、泵类负载的耗电功率基本与转速的三次方成比例。当用户需要的平均流量较小时,风机、泵类采用变频调速使其转速降低,节能效果非常可观。而传统的风机、泵类采用挡板和阀门进行流量调节,电动机转速基本不变,耗电功率变化不大。在此类负载上使用变频调速装置具有非常重要的意义。目前,应用较成功的有恒压供水、各类风机、中央空调和液压泵的变频调速。

2. 在自动化系统中的应用

由于变频器内置有32位或16位的微处理器,具有多种算术逻辑运算和智能控制功能,输出频率精度高达0.1％～0.01％,还设置有完善的检测、保护环节,因此,在自动化系统中获得广泛的应用。

3. 在提高工艺水平和产品质量方面的应用

变频器还可以广泛应用于传送、起重、挤压和机床等各种机械设备控制领域,它可以提高工艺水平和产品质量,减少设备的冲击和噪声,延长设备的使用寿命。采用变频调速控制后,使机械系统简化,操作和控制更加方便,有的甚至可以改变原有的工艺规范,从而提高了整个设备的功能。

2.1.4.2　变频器的分类

变频器即电压频率变换器,是一种将固定频率的交流电变换成频率电压连续可调的交流电,以供给电动机运转的电源装置。目前,国内外变频器的种类很多,可按以下几种方式分类。

1. 按变频的原理分类

(1) 交—交变频器，只有一个变换环节，就可以把恒压恒频(CVCF)的交流电源转换为变压变频(VVVF)电源，因此，称为直接变频器，或称为交—交变频器。

(2) 交—直—交变频器，又称为间接变频器，它是先将工频交流电通过整流器变换成直流电，再经逆变器将直流电变成频率和电压可调的交流电。

① 交—直—交变频器根据直流环节的储能方式，又分为电压型和电流型两种。

a. 电压型变频器。在电压型变频器中，整流电路产生的直流电压，通过电容进行滤波后供给逆变电路。由于采用大电容滤波，故输出电压波形比较平直，在理想情况下可以看成一个内阻为零的电压源，逆变电路输出的电压为矩形波或阶梯波。电压型变频器多用于不要求正反转或快速加减速的通用变频器中。

b. 电流型变频器。当交—直—交变频器的中间直流环节采用大电感滤波时，直流电流波形比较平直，因而电源内阻很大，对负载来说基本上是一个电流源，逆变电路输出的交流电流是矩形波。电流型变频器适用于频繁可逆运转的变频器和大容量的变频器。

② 根据调压方式的不同，交—直—交变频器又分为脉幅调制和脉宽调制两种。

a. 脉幅调制(PAM)。PAM(Pulse Amplitude Modulation)方式，是一种改变电压源的电压 E_d 或电流源的电流 I_d 的幅值进行输出控制的方式。因此，在逆变器部分只控制频率，整流器部分只控制输出电压或电流。

b. 脉宽调制(PWM)。PWM(Pulse Width Modulation)方式，指变频器输出电压的大小是通过改变输出脉冲的占空比来实现的。目前，使用最多的是占空比按正弦规律变化的正弦波脉宽调制，即 SPWM 方式。

2. 按变频器的控制方式分类

(1) U/f 控制变频器，U/f 控制又称为压频比控制。它的基本特点是对变频器输出的电压和频率同时进行控制。在额定频率以下，通过保持 U/f 恒定使电动机获得所需的转矩特性。这种方式控制电路成本低，多用于精度要求不高的通用变频器。

(2) SF 控制变频器，SF 控制即转差频率控制，是在 U/f 控制基础上的一种改进方式。采用这种控制方式，变频器通过电动机、速度传感器构成速度反馈闭环调速系统。变频器的输出频率由电动机的实际转速与转差频率之和来自动设定，从而达到在调速控制的同时也使输出转矩得到控制。该方式是闭环控制，故与 U/f 控制相比，调速精度与转矩特性较优。但是由于这种控制方式需要在电动机轴上安装速度传感器，并需依据电动机特性调节转差，故通用性较差。

(3) VC 变频器，VC(Vector Control)即矢量控制，是 20 世纪 70 年代由德国人 Blaschke 首先提出的对交流电动机一种新的控制思想和控制技术，也是异步电动机的一种理想调速方法。矢量控制的基本思想是，将异步电动机的定子电流分解为产生磁场的电流分量(励磁电流)和与其相垂直的产生转矩的电流分量(转矩电流)，并分别加以控制。由于在这种控制方式中必须同时控制异步电动机定子电流的幅值和相位，即控制定子电流矢量，所以这种控制方式被称为矢量控制。

矢量控制方式使异步电动机的高性能成为可能。矢量控制变频器不仅在调速范围上可以与直流电动机相匹敌，而且可以直接控制异步电动机转矩的变化，所以已经在许多需要精密或快速控制的领域得到应用。

2.2　水处理工艺常用阀门

2.2.1　阀门概述

阀门是用来控制管道内介质具有可动机构的机械产品的总称。阀门具有多种功能,如截断、调节、导流、防止逆流、稳压、分流或溢流泄压等。可用于控制水、蒸汽、压缩空气及各种气体、油品,各种腐蚀性介质、泥浆、液态金属和放射性介质等各种类型流体的流动。用于流体控制系统的阀门,从最简单常用的截止阀、闸阀到极为复杂的自控系统中所用的各种阀门,其品种、型号和规格繁多。

阀门有各种各样的分类方法。有的按结构分类(如截止阀、闸阀、蝶阀等);有的按用途和作用分类(如化工阀门、石油阀门、油田专用阀、电站阀门等);有的按介质分类(如水阀门、蒸汽阀门、氨阀门、氧气阀门等);有的按材质分类(如铸铁阀门、铸钢阀门、不锈钢阀门等);有的按连接方式分类(如内螺纹阀门、法兰阀门、对夹式阀门、对焊式阀门等);有的按温度分类(如高温阀、中温阀、常温阀、低温阀、超低温阀等);有的按压力分类(如超高压阀、高压阀、中压阀、低压阀、真空阀等)。

1. 阀门关闭件结构及动作特点

阀门关闭件结构及动作特点多种多样(图 2-10)。

(1)闸门形关闭件沿着垂直于阀座的中心线移动。

(2)截门形关闭件沿阀座中心线移动。

(3)旋启形关闭件围绕阀座外的轴线旋转。

(4)旋塞形和球形关闭件是柱塞或球体,围绕本身的中心线旋转。

(5)蝶形关闭件是圆盘,围绕阀座的轴线旋转(中线式)或围绕阀座外轴线旋转(偏心式)的结构。

(6)滑阀形关闭件在垂直于通道的方向滑动。

2. 阀门的作用方式

阀门的作用方式也有很多种。

(1)闸板型　(2)截止型　(3)旋启型

(4)旋塞型和球型　(5)蝶型　(6)滑阀型

图 2-10　阀门关闭件结构

(1)截断阀主要用于截断或接通介质流,包括闸阀、截止阀、蝶阀、球阀、旋塞阀等。

(2)止回阀主要用于防止管路中的介质倒流,包括各种结构的止回阀。

(3)调节阀主要用于调节管路中介质的压力和流量,包括减压阀、针型阀、节流阀、调节阀、平衡阀等。

(4)分流阀主要用于分配、分离或混合介质,包括各种结构的分配阀、三通或四通旋塞阀、三通或四通球阀、疏水阀等。

(5)安全阀主要用于锅炉、压力容器、压力管路的防超压安全保护,包括各类安全阀。

(6)多用阀主要用于代替两个、三个甚至更多个类型的阀门,如截止止回阀、止回球阀、截止止回安全阀等。

（7）其他特殊专用阀主要有排污阀、放空阀、清管阀、清焦阀等。

3. 阀门发生动作的动力来源

阀门发生动作的动力来源可分为两大类：一类是自动阀，如止回阀、安全阀、减压阀、疏水阀等；一类是驱动阀，驱动方式主要有三种。

（1）手动阀门借助手轮、手柄、杠杆、链轮、涡轮、齿轮等，由人工操作的阀门。

（2）电动阀门是用电动装置、电磁或其他电气装置操作的阀门。

（3）液动或气动阀门是借助液体（水、油等液动介质）或压缩空气的压力操作的阀门。此外，还有电—液联动和气—液联动阀门。

4. 阀门与管道连接方式

阀门与管道的连接方式受阀门口径、外形、作用方式等因素的影响分为多种形式。

（1）螺纹连接阀门的阀体带有内螺纹或外螺纹，与管道采用螺纹连接。

（2）法兰连接阀门的阀体带有法兰，与管道采用法兰连接。

（3）焊接连接阀门的阀体带有焊接坡口，与管道采用焊接连接。

（4）卡箍连接阀门的阀体上带有夹口，与管道采用卡箍连接。

（5）对夹连接阀门用螺栓直接将阀体与两端管道穿夹在一起的连接形式，多用于蝶阀。

（6）卡套连接阀门的阀体与管道采用卡套件连接，多用于需要定期拆卸维修的阀门。

2.2.2 常用阀门介绍

2.2.2.1 闸阀

闸阀系指启闭件（闸板）由阀杆带动，沿阀座（密封面）做直线升降运动的阀门。

闸阀一般用于开启或关闭管路的介质流动，启闭件是闸板，闸板的运动方向与流体方向相垂直。闸阀内闸板两侧都有密封面。按闸板结构可分为楔式闸阀和平行式闸阀。根据阀杆的结构，还可分成明杆闸阀和暗杆闸阀。

当明杆闸阀的闸板提升高度等于阀门的通径时，为全开位置，流体的通道完全畅通，但在运行时，此闸板的位置是无法监视的，实际使用时则以阀杆的顶点作为标志，即达到阀杆升不动的位置，作为全开位置。暗杆闸阀的阀杆螺母设在闸板内，手轮转动带动阀杆转动而使闸板提升，而阀杆并不升高，这种阀门称为暗杆闸阀。明杆闸阀能从外观的阀杆高度判断闸阀的开启程度，但阀杆伸出后占用空间；暗杆闸阀则不能从外观判断闸阀的开启程度，由于阀杆不升高，占用空间较小。

闸阀的驱动方式分为手动闸阀、气动闸阀和电动闸阀。

闸阀的优点是形体简单、结构长度短、阻力小、介质流向不受限制、不扰流；缺点是密封面之间易引起冲蚀和擦伤，且维修困难，尤其是当阀座底部积存杂物时，闸板关闭不严。明杆闸阀开启需要较大空间。全开、全闭需要时间较长。

大部分闸阀是采用强制密封的，即阀门关闭时，要依靠外力强行将闸板压向阀座，以保证阀座和阀板的密封面严密接触。

2.2.2.2 截止阀

截止阀是指关闭件（阀瓣）由阀杆带动，沿阀座（密封面）轴线作直线升降运动的阀门。

截止阀阀瓣的运动形式，使阀门的阀杆开启或关闭行程相对较短，开启高度为公称直径的 25%～30% 时，流量可达到最大，表示阀门已达全开位置。截止阀具有可靠的切断功能，且阀座通口的变化是与阀瓣行程呈正比关系。

截止阀主要应作为切断阀使用,不主张作为节流使用。但在工程设计和实际操作中,也常用于对流量的调节。截止阀的选用原则是:

(1) 在供水、供热工程上,公称通径小于 150 mm 的管路可选用截止阀,其优点是在开启和关闭过程中,开启高度一般仅为阀座通道直径的 1/4,比闸阀小得多,由于阀瓣与阀体密封面间的摩擦力比闸阀小,因而耐磨。

(2) 截止阀的结构长度大于闸阀,同时流体阻力比闸阀大,对压力损失或流体阻力要求不严的管路上,宜优先选用截止阀。

(3) 高温、高压介质的管路或装置上宜选用截止阀。如火电厂、核电站,石油化工系统的高温、高压管路上。

(4) 有流量调节或压力调节,但对调节精度要求不高,而且管路直径又比较小,在公称通径 DN≤50 mm 的螺纹连接管路上,截止阀的应用明显多于闸阀。

(5) 合成工业生产中的小化肥和大化肥宜选用公称压力 P_N 为 16 MPa、32 MPa 的高压角式截止阀。

2.2.2.3　蝶阀

蝶阀是指启闭件(蝶板)由阀杆带动并绕阀杆的轴线做旋转运动的阀门。

蝶阀由阀体、阀杆、蝶板和密封圈组成。阀体呈圆筒形,结构长度短,内置圆盘形蝶板。蝶板由阀杆带动,能在 0°～90° 范围内旋转,当为 0° 时,蝶板与阀体轴线垂直,达到全关闭状态,旋转 90°,蝶板与阀体轴线一致时即全部开启。改变蝶板的偏转角度,即可控制介质的流量。蝶阀是一种结构简单的调节阀,同时也可用于低压管道的开关控制。

蝶阀又叫翻板阀,是一种比较新型的阀门,在国内广泛使用二三十年,在管道上主要起切断和节流用。它的主要优点是结构长度短、重量轻。一般在公称通径 DN300 以上,蝶阀已逐渐代替了闸阀。蝶阀与闸阀相比有开闭时间短,操作力矩小,安装空间小和重量轻,且蝶阀的开启和关闭易与各种驱动装置组合,并且有良好的耐久性和可靠性。

在水泵机房的管路中,蝶阀因其结构长度短,重量轻和操作简便,几乎完全取代了闸阀,用于调节和截断介质的流动。

蝶阀和蝶杆本身没有自锁能力,为了蝶板的定位,要在阀杆上加装蜗轮减速器。采用蜗轮减速器,不仅可以使蝶板具有自锁能力,使蝶板停止在任意位置上,还能改善阀门的操作性能。工业专用蝶阀的特点是能耐高温,适用压为范围也较高,阀门公称通径大,阀体采用碳钢制造,阀板的密封圈采用金属环代替橡胶环。大型高温蝶阀采用钢板焊接制造,主要用于高温介质的烟风道和煤气管道。

一般来说,蝶阀的优点是:结构简单,体积小,重量轻,易于调节;启闭方便迅速、省力、流体阻力小,操作方便;可以运送泥浆,在管道口积存液体最少;低压下,可以实现良好的密封。蝶阀的缺点是:使用压力和工作温度范围小,密封性较差。

蝶阀的开度与流量之间的关系,基本上呈线性比例变化。如果用于控制流量,其流量特性与配管的流阻也有密切关系,如两条管道安装阀门口径、形式等全相同而管道损失系数不同,阀门的流量差别也会很大。

如果蝶阀开度很小而处于节流幅度较大状态,阀板的背面产生涡流、负压而发生气蚀,有损坏阀门的可能,故蝶阀的开度一般应在大于 15°(90° 为全开)状态下使用。

蝶阀的驱动方式有手动、蜗轮传动、电动、气动、液动、电液联动等执行机构,可实现远距离控制和自动化操作。

蝶阀的驱动方式可选择手动、电动或气动,手动方式中也常采用涡轮蜗杆方式。

1. 蝶阀的连接方式

蝶阀的连接方式是管道工程设计和施工人员应当了解和掌握的重点内容。

(1)对夹式蝶阀:对夹式蝶阀是最常用的蝶阀形式之一。对夹式蝶阀本体无连接法兰,是用双头螺栓将蝶阀连接在其两侧的管道法兰之间,靠管道法兰和连接螺栓将蝶阀夹紧。这种蝶阀的结构长度最短,其驱动方式常用手柄式和涡轮蜗杆传动,较小口径的蝶阀多常用手柄式。对夹式蝶阀结构简单、体积小、重量轻,只由少数几个零件组成。而且只需旋转90°即可快速启闭,蝶阀处于完全开启位置时,阀门所产生的压力降很小,故具有较好的流量控制特性。

(2)法兰蝶阀:法兰蝶阀也是最常用的蝶阀形式之一。像其他法兰阀门一样,蝶阀上带有法兰,安装时用螺栓将蝶阀法兰与管道法兰相连接。

应当注意,除管道法兰的内径应与管材外径匹配外,其他尺寸均应与蝶阀法兰相匹配。

(3)支耳式蝶阀:支耳式蝶阀也称凸耳式蝶阀、单夹式蝶阀,此种蝶阀是用双头螺栓将蝶阀连接在两管道法兰之间,也是用圆形蝶板作启闭件,并靠阀杆转动来开启、关闭和调节流体通道的一种阀门。适用于消防管道、排水、污水、供暖等管道系统。安装支耳式蝶阀时注意将蝶板全开,管道法兰面和蝶阀的密封圈之间加上密封垫圈后,即可进行拧固夹紧。

支耳式蝶阀的特点是:结构简单、体积小、重量轻,安装尺寸小;关闭密封和流量调节功能良好;适合大中口径使用。

支耳式蝶阀的参数:规格范围为 DN50～DN600;压力等级为 0.6 MPa、1.0 MPa、1.6 MPa;工作温度为 $-20℃～300℃$;阀体材质有铸铁、铸钢、不锈钢、铬钼钢、合金钢等多种;阀板材质有铸铁(镀硬铬)、铸钢、不锈钢、铬钼钢、合金钢等多种。

(4)焊接式蝶阀:焊接式蝶阀的两端面与管道焊接连接。焊接式蝶阀是一种非密闭型蝶阀,多用于化工、建材、电站、玻璃等行业中的通风、环保工程的含尘冷风或热风气体管道中,作为气体介质调节流量或切断装置。

焊接式蝶阀系采用中线式蝶板与短结构钢板焊接的新型结构形式设计制造,结构紧凑、重量轻、便于安装、流阻小、流通量大,避免高温膨胀的影响,操作轻便。体内无连杆、螺栓等,工作可靠,使用寿命长,可以多工位安装,不受介质流向影响。

目前,衬氟蝶阀、衬胶蝶阀作为一种用来实现管路系统通断及流量控制的部件,已在石油、化工、冶金、水电等许多领域中得到极为广泛地应用。在已知的蝶阀技术中,其密封形式多采用密封结构,密封材料为橡胶、聚四氟乙烯等。由于结构特征的限制,不适应耐高温、高压及耐腐蚀、抗磨损等场所。

2. 焊接式蝶阀在安装使用中应注意的问题

(1)安装前应将管道及阀门清洗干净,密封面处不得有划伤痕和污物,以免产生内漏或减少产品的使用寿命。

(2)安装时须仔细核对卡箍连接型号是否一致,卡箍与该阀连接处应安装专用密封圈,使蝶阀与管道连接密封可靠。

(3)蝶阀安装完成通入压力介质时,转动手柄90°,检查内外密封,如无渗漏现象,即可投入正常使用。

（4）使用过程中如发现蝶阀关闭时，内部仍有渗漏现象，须更换密封圈，重新正确安装后再投入使用。

（5）蝶阀一般用于接通及断开介质，也可以用于调节流量，但不要将该阀安装于要求严格调节介质流量大小的系统中。

3．蝶阀的适用场合

由于蝶阀在管路中的压力损失比较大，大约是闸阀的 3 倍，因此在选择蝶阀主要用于流量调节时，应充分考虑管路系统工况受压力损失的影响程度，还应考虑关闭时蝶板承受管道介质压力的坚固性。此外，还必须考虑在高温下弹性阀座材料所承受工作温度的限制。蝶阀的结构长度和总体高度较小，开启和关闭速度快，且具有良好的流体控制特性，蝶阀的结构原理最适合制作大口径阀门。当要求蝶阀作控制流量使用时，最重要的是正确选择蝶阀的尺寸和类型，使之能恰当有效地工作。

通常，在节流、调节控制与泥浆介质中，要求结构长度短，启闭速度快（1/4 转）。低压截止（压差小），推荐选用蝶阀。

在双位调节、缩口地通道、低噪声、有气穴和气化现象，向大气少量渗漏，具有磨蚀性介质时，可以选用蝶阀。

中线蝶阀适用于要求达到完全密封、气体试验泄漏为零、寿命要求较高、工作温度在 $-10\,^{\circ}\mathrm{C} \sim 150\,^{\circ}\mathrm{C}$ 的淡水、污水、海水、盐水、蒸汽、天然气、油品和各种酸碱介质管路上。

软密封偏心蝶阀适用于通风除尘管路的双向启闭及调节，可用于燃气管道及输水管道等。金属对金属的线密封双偏心蝶阀适用于城市供热、供气、供水等煤气、油品、酸碱等管路，作为调节和节流装置。

在特殊工况条件下进行节流调节，或要求密封严格，或磨损严重、低温（深冷）等工况条件下使用蝶阀时，需使用特殊设计的金属密封带调节装置的三偏心或双偏心专用蝶阀。

金属对金属的面密封三偏心蝶阀除作为大型变压吸附（PSA）气体分离装置程序控制阀使用外，还可广泛用于石油、石化、化工、冶金、电力等领域，是闸阀、截止阀的理想替代产品。

2.2.2.4 止回阀

止回阀是指启闭件（阀瓣）借助介质作用力、自动阻止介质逆流的阀门。

止回阀又称单向阀或逆止阀，其启闭件靠介质流动的动力自行开启，当介质发生倒流时，则自行关闭，以防止介质倒流。止回阀属于自动阀类，无须外力驱动，主要用于只允许介质单向流动的管道上。水泵吸水管的底阀也属于止回阀类。

止回阀作用是防止介质倒流的阀门，某些工况下防止泵及驱动电动机反转以及阻止容器、管道内介质的泄放。

按结构形式，止回阀可分为升降式、旋启式和蝶式三种。其中，升降式和旋启式为止回阀的主流品种；以上几种止回阀在管路中多采用螺纹连接和法兰连接，少数型号采用焊接连接。

2.2.2.5 球阀

球阀系指启闭件（球体）由阀杆带动，并绕阀杆的轴线做旋转运动的阀门。主要用于截止或接通管路中的介质，亦可用于流体的调节与控制，其中硬密封 V 形球阀其 V 形球芯与堆焊硬质合金的金属阀座之间具有很强的剪切力，特别适用于含纤维、微小固体颗料等介质。而多通球阀在管道上不仅可灵活控制介质的合流、分流及流向的切换,同时也可关闭任一通道而使另外两个通道相连。球阀按驱动可分为手动球阀、气动球阀和电动球阀。

球阀本身结构紧凑、简单,密封可靠,维修方便。球阀开启时,阀体密封面与球面贴紧闭合,不易被介质冲蚀。球阀适用于水、溶剂、酸和天然气等一般工作介质,而且还适用于工作条件要求苛刻的介质,如氧气、过氧化氢、甲烷和乙烯等,在各行业得到广泛的应用。在发达国家,球阀的使用非常广泛,使用品种和数量仍有继续扩大的趋势。我国对球阀的使用也日趋广泛,特别是在民用燃气管道、石油天然气管线上、炼油裂解装置上以及核工业上将有更广泛的应用,在其他工业领域中的大中型口径、中低压力领域,球阀也将会成为占主导地位的阀门类型之一。

缺点:球阀的加工精度要求较高,造价较昂贵,如管道内有杂质或在高温条件下,不宜使用,否则容易被杂质堵塞,导致阀门无法完成90°旋转动作。

2.2.2.6　旋塞阀

旋塞阀系指启闭件(阀塞)由阀杆带动,并绕阀杆的轴线在阀体内做旋转运动的阀门。

旋塞阀的密封面之间运动时带有擦拭作用,而在全开时可完全防止密封面与流动介质的接触,因而也能用于带悬浮颗粒的介质。旋塞阀的另一个特点是适应多流道结构,一个阀可以接通两个、三个甚至四个流道。

旋塞阀的启闭件(阀塞)多为圆锥体(也有圆柱体),与阀体的圆锥孔面配合组成密封副。锥形阀塞中,阀塞通道呈梯形,在圆柱形阀塞中,阀塞通道一般呈矩形。

旋塞阀是使用较早的一种阀门,结构简单、开关迅速、流体阻力小。普通旋塞阀靠精加工的金属阀塞与阀体间的直接接触来密封,所以密封性较差,启闭力大,容易磨损。旋塞阀最适于作为切断或接通介质以及分流使用,但是依据密封面的耐冲蚀性,有时也可用于节流。

旋塞阀具有结构简单,相对体积小,重量轻,便于维修,不受安装方向的限制,流体阻力小,启闭迅速、轻便的优点。

2.2.2.7　隔膜阀

隔膜阀系指启闭件(隔膜)在阀内沿阀杆轴线作升降运动,并通过启闭件(隔膜)的变形将动作机构与介质隔开的阀门。

隔膜阀是一种特殊形式的截断阀,它的启闭件是一块用软质材料制成的隔膜,把阀体内腔与阀盖内腔及驱动部件隔开,故称隔膜阀。

隔膜阀的最突出特点是用隔膜把下部阀体内腔与上部阀盖内腔隔开,使位于隔膜上方的阀杆、阀瓣等零件不受介质侵蚀,省去了填料密封结构,且不会产生介质外漏。

采用橡胶或塑料等软质密封制作的隔膜,密封性较好。由于隔膜为易损件,应视介质特性而定期更换。受隔膜材料限制,隔膜阀仅适用于低压和温度相对不高的场合。

隔膜阀按结构形式可分为:堰式、直流式、截止式、直通式、闸板式和直角式6种,连接形式通常为法兰连接;按驱动方式分为手动、电动和气动3种。

2.2.3　控制阀的执行机构

生产中为实现控制管理,往往通过一些装置进行远程操控,对阀门的控制操作依赖于控制阀的执行机构。

控制阀是指预定使用在关闭与全开启任何位置,通过启闭件(阀瓣)改变通路截面积,以调节流量、压力或温度的阀门。控制阀的作用是根据控制信号对通过的物料量进行调节,从而抑制某个生产过程所需的物料或能量供给。

控制阀由执行机构和调节机构组成。执行机构可分解为两部分:力或力矩转换部件和位移转换部件。将控制器输出信号转换为控制阀的推力或力矩的部件称为力或力矩转换部件;将力或力矩转换为直线位移或角位移的部件称为位移转换部件。调节机构,也就是阀,将位移信号转换为阀瓣和阀座之间流通面积的变化,改变操纵变量的数值。

2.2.3.1 执行机构的分类

执行机构有不同的类型。按所使用能源,执行机构分为气动、电动和液动三类。气动类执行机构具有历史悠久、价格低、结构简单、性能稳定、维护方便等特点,因此,应用最广。电动类执行机构具有可直接连接电动仪表或计算机,不需要电气转换环节的特点,但价格贵、结构复杂,应用时需考虑防爆等问题。液动类执行机构具有推力(或推力矩)大的优点,但装置的体积大,流路复杂。通常,采用电液组合的方式应用于要求大推力(力矩)的场合。

按执行机构组成部件的类型,分为薄膜执行机构、活塞执行机构、齿轮执行机构、手动执行机构、电液执行机构等。

按执行机构动作方式,执行机构分为连续和离散两类。连续类型执行机构的输出是连续变化的位移信号。离散类执行机构的输出是开关变化的位移信号。电磁阀是最常用的电动离散控制阀,安全放空阀也是常见的离散控制阀。

按执行机构输出和输入的动作特性,执行机构分为比例式、比例积分式等类型。比例式执行机构的输出与输入信号之间呈线性关系。比例积分式执行机构的输出是输入信号的比例和积分作用之和。

按执行机构输入信号的类型,执行机构分为模拟式执行机构和数字式执行机构。模拟式执行机构接收模拟信号,例如,20～100 kPa 的气压信号,4～20 mA 的标准电流信号等。数字式执行机构接收数字信号,通常是一串二进制信号,用于开闭相应的数字阀。随着现场总线技术的应用,接受现场总线数字信号的执行机构正得到广泛应用。

2.2.3.2 常用的执行机构

1. 气动薄膜执行机构

气功薄膜执行机构是最常用的执行机构。它结构简单,动作可靠,维护方便,成本低廉,得到广泛应用。图2-11是气动薄膜执行机构的示意图。

气动薄膜执行机构分为正作用和反作用两种执行方式。正作用执行机构在输入信号增加时,推杆的位移向外;反作用执行机构在输入信号增加时推杆的位移向内。

2. 气动薄膜执行机构的特点

(1)正、反作用执行机构的结构基本相同,有上膜盖、下膜盖、薄膜膜片、推杆、弹簧、调节件、支架和行程显示板等组成。

(2)正、反作用执行机构结构的主要区别是反作

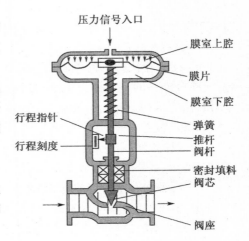

图 2-11 气动隔膜执行机构示意

用执行机构的输入信号在膜盒下部,引出的推杆也在下部。因此,阀杆引出处要用密封套进行密封,而正作用执行机构的输入信号在膜盒上部,推杆引出处在膜盒下部,由于薄膜片的密封良好,在阀杆引出处不需要进行密封。

(3)可通过调节件的调整,改变弹簧初始力,从而改变执行机构的推力。

(4)执行机构的输入输出特性呈现线性关系,即输出位移量与输入信号压力之间呈线性关系。输出的位移称为行程,由行程显示板显示。一些反作用执行机构还在膜盒上部安装阀位显示器,用于显示阀位。

(5)执行机构的膜片有效面积与推力成正比,有效面积越大,执行机构的推力也越大。

(6)可添加位移转换装置,使直线位移转换为角位移,用于旋转阀体。

(7)可添加阀门定位器,实现阀位检测和反馈,提高控制阀性能。

(8)可添加手轮机构,在自动控制失效时采用手轮进行降级操作,提高系统可靠性。

(9)可添加自锁装置,实现控制阀的自锁和保位。

3. 气动活塞执行机构

气动活塞执行机构采用活塞作为执行驱动元件,具有推力大、响应速度快的优点。图 2-12 是气动活塞执行机构的示意图。气动活塞执行机构的特点如下。

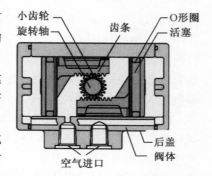

图 2-12　气动活塞执行机构示意图

(1)采用较大的气源压力。例如,操作压力可高达 1 MPa,国产活塞执行机构也可达 0.5 MPa。此外,它不需要气源的压力调节减压器。

(2)推力大。由于不需要克服弹簧的反作用力,因此提高操作压力和增大活塞有效面积就能获得较大推力。对采用弹簧返回的活塞执行机构,其推力计算与薄膜执行机构类似,其推力要小于同规格的无弹簧活塞执行机构。

(3)适用于高压差、高静压和要求有大推力的应用场合。

(4)当作为节流控制时,输出位移量与输入信号成比例关系,但需要添加阀门定位器。

(5)当作为两位式开闭控制时,对无弹簧活塞的执行机构,活塞的一侧送输入信号、另一侧放空,或在另一侧送输入信号、一侧放空,实现开或关的功能;有弹簧返回活塞的执行机构只能够在一侧送输入信号,其返回是由弹簧实现的。为实现两位式控制,通常采用电磁阀等两位式执行元件进行切换。

(6)与薄膜执行机构类似,活塞执行机构分正作用、相反作用两种类型。输入信号增加时,活塞杆外移的类型称为正作用式执行机构;输入信号增加时,活塞杆内缩的类型称为反作用式执行机构。作为节流控制,通常可采用阀门定位器来实现正反作用的转换,减少设备类型和备件数量。

(7)根据阀门定位器的类型,如果输入信号是标准 20～100 kPa 气压信号,则可配气动阀门定位器;如果输入信号是标准 4～20 mA 电流信号,则可配电气阀门定位器。

(8)可添加专用自锁装置,实现在气源中断时的保位。

(9)可添加手轮机构,实现自动操作发生故障时的降级操作,即手动操作。

(10)可添加位移转换装置使直线位移转换为角位移,有些活塞式执行机构采用横向安装并经位移转换装置直接转换直线位移为角位移。

4. 电动执行机构

电动执行器是一类以电作为能源的执行器，我们最常接触到的是电动控制阀和电磁阀。

1）电动执行机构

电动执行机构是采用电动机和减速装置来移动阀门的执行机构。通常，电动执行机构的输入信号是标准的电流或电压信号。其输出信号是电动机的正、反转或停止的三位式开关信号。图 2-13 是一种多转式电动执行机构的示意图。电动执行机构具有动作迅速、响应快，所用电源的取用方便、传输距离远等特点。

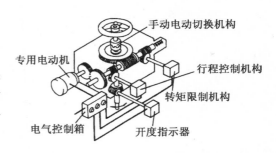

图 2-13 电动执行机构示意图

电动执行机构可按位移分为直行程、角行程和多转式三类，也可按输入信号与输出位移的关系分为比例式、积分式两类。

2）电动执行机构的特点

（1）电动执行机构一般由阀位检测装置来检测阀位（推杆位移或阀轴转角），因此，电动执行机构与检测装置等组成位置反馈控制系统，具有良好的稳定性。

（2）积分式电动执行机构的输出位移与输入信号对时间的积分成正比，比例式电动机构的输出位移与输入信号成正比。

（3）通常设置电动力矩制动装量，使电动执行机构具有快速制动功能，可有效克服采用机械制动造成机件磨损的缺点。

（4）结构复杂，价格昂贵，不具有气动执行机构的本质安全性。当用于危险场所时，需考虑设置防爆、安全等措施。

（5）电动执行机构需与电动伺服放大器配套使用，采用智能伺服放大器时，也可组成智能电动控制阀。

（6）可设置阀位限制，防止设备损坏。

（7）通常设置阀门位置开关，用于提供阀位开关信号。

（8）适用于无气源供应的应用场所、环境温度会使供气管线中气体所含的水分凝结的场所和需要大推力的应用场所。

近年来，电动执行机构也得到较大发展，主要是执行电动机的变化。出于计算机通信技术的发展，采用数字控制的电动执行机构也已问世，例如步近电动机的执行机构、数字式智能电动执行机构等。

3）电磁阀

电磁阀是两位式阀，它将电磁执行机构与阀体合为一体。按动作方式分先导式和直接式两类；按正常时的工作状态分常闭型（失电时关闭）和常开型（失电时打开）；按通路方式分为两通、三通、四通、五通等；按电磁阀的驱动方式分为单电控、双电控、弹簧返回和返回定位等。电磁阀常作为控制系统的气路切换阀，用于联锁控制系统和顺序控制系统。电磁阀一般不作为直接切断阀，少数小口径且无仪表气源的应用场合也用作切断阀。

先导式电磁阀作为控制阀的导向阀，用于控制活塞式执行机构控制阀的外闭或保位，也可作为控制系统的气路切换。通常，先导式电磁阀内的流体是压缩空气，在液压系统中采用液压油,应用先导式电磁阀时需要与其他设备配合来实现所需流路的切换。直接式电磁阀用于直接控制流体的通断。

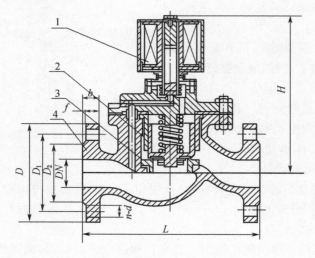

1—线圈;2—阀杯;3—阀座;4—阀体

图 2-14　电磁阀(常开型)结构图

　　电磁阀具有可远程控制、响应速度快、可严密关闭、被控流体无外泄等特点。需注意,电磁阀工作部件直接与被控流体接触,因此,选型时应根据流体性能确定电磁阀类型。电磁阀常用于位式控制或控制要求较低,但要求严格密封的应用场合。在防爆区域应用时,应选用合适的防爆电磁阀。

第3章 系统控制概述

要实现准确的运行,不但任务的执行机构——泵、风机和阀门等要保证良好的性能,指挥这些机构操作的控制单元也要保证水处理系统运行的准确、稳定和安全。

随着现代科学技术的迅猛发展,自动化仪表、计算机及控制技术的不断完善和发展,新工艺、新技术、新设备不断出现。各类生产工艺技术不断改进、提高,生产过程向连续化、大型化转变。对生产过程内在规律的深入研究,制造出了大量先进的自动化成套设备及装置,例如集散控制系统(DCS)、可编程控制器(PLC)、现场总线(FB)等。同时,生产过程控制由常规仪表控制向计算机全过程控制发展,控制规律由常规 PID 控制向先进控制(APC)、优化控制发展,生产过程自动化水平由局部自动化向综合自动化发展。水处理工艺系统越来越多地引进了这些先进技术,自动监测、自动控制设备已得到了较为广泛的应用。水处理厂中水质的自动监测,水处理过程中混凝剂、消毒剂的自动投加,水厂运行控制的微机化与信息管理的网络化,在水厂建设与运行管理中逐渐普及。水处理专业技术人员在实践中不可避免地会遇到有关过程自动控制方面的问题,因此有必要了解过程自动化及仪表的基本知识,并能够在一定程度上应对简单的仪表与控制问题。

3.1 自动控制系统的组成

在自动控制系统中,对于工艺过程中需要被控制的设备,以及自动控制系统中所需要的仪表、设备、装置等,一般可按照它们在系统中的功能分为几部分,主要包括受控对象、传感器、调节器和执行器。下面简单加以介绍。

1. 受控对象

在自动控制系统中,完成特定的工艺过程且需要被控制的设备称为受控对象,简称对象。例如,净水厂中各种水处理工艺设备、构筑物、水泵以及管道系统等都可称作受控对象。

受控对象的运行状态,可以通过反映运行状态的过程参数的变化来了解,一些过程参数的改变可决定受控对象的运行状态。因此,要想控制受控对象的运行状态,可以通过调整受控过程中的过程参数来实现,以达到使受控过程按照人们的意愿正常运行的目的。一个自动控制系统能够控制的对象,可以是某一工艺过程中需要控制的所有设备,也可以是该工艺过程中需要控制的某一局部的设备,还可以具体到一个设备需要控制的某个局部环节。一般情况下,受控对象是指一个独立的自动控制系统所控制的对象。

2. 传感器

能够感受过程参数的变化,并能将变化情况转变成可传递信号的仪器称为传感器。传感器用于提取受控过程中所需的过程参数的变化信息。传感器常以提取过程参数对象的名称命名。例如,用于测量温度参数变化情况的传感器称为温度传感器,用于测量压力参数变化情况的传感器称为压力传感器,依次类推,可以有流速传感器、流量传感器、液位传感器、磁传感器、光传感器、声传感器、烟传感器等。此外,传感器还常用其作用原理、使用介质名称等命名,如超声波传感器、生物传感器等。控制过程中各种参数的变化情况常用传感器将便于传递和接收的信号送出,由于便于传送、接收和处理的原因,传感器送出的信号往往是能反映参数变化的电压、电流、频率等电信号。

变送器:将传感器送来的测量信号转变为可传递的标准信号的仪表,称为变送器。由传感器送出的信号一般较弱,而且信号的种类不统一,这种不统一的信号不利于进一步向下一个环节的控制仪表传递,因此必须设法将其放大并进一步转换成为统一的标准信号,才可以方便地继续传递或送去进一步处理。尤其是目前开发和使用的自动控制仪表,要求彼此相互传递信号时采用标准的电压与电流信号,这更需要将感受到的信号变换为统一的标准信号进行传递。所以,在需要进行信号转换时,使用变送器完成这一任务。

为使用方便,传感器和变送器往往一体化进行设计与制造,成为单体仪表,所以传感器与变送器不再严格划分。

3. 调节器

调节器的任务,是把变送器送来的反映过程状态参数变化的信号与受控过程中需要保持参数的给定值相比较,然后根据偏差的情况按所设计的运算规律进行运算,得出相应的控制指令,并将与控制指令相应的信号送至自动控制系统中的执行器。

4. 执行器

执行器接受调节器发出的控制指令信号,将控制指令信号转变为相应的控制动作,对受控过程的某个参数进行控制,使受控过程重新回到所要求的平衡状态。

一个完整的自动控制系统除由以上几部分组成外,根据系统的性质与特点,还可以有一些其他的辅助组成部分。如给定装置、显示装置、报警装置等,这些辅助组成部分虽然随着自动控制系统的不同而不同,但对于一个完整的自动控制系统来说,也是必不可少的。

水处理工艺系统中,工艺设备、处理构筑物都应该归于受控对象的范畴,上一章中介绍的泵和风机以及控制阀都属于执行器,下面就检测仪表、调节器、过程控制基本原理以及支持复杂的整体工艺过程控制的组态软件加以介绍。

3.2 检测仪表与传感器

3.2.1 检测的基本概念

所谓过程检测是指在生产过程中,为及时掌握生产情况和监视、控制生产过程,而对其中一些变量进行的定性检查和定量测量。

检测的目的是为了获取各过程变量值的信息。根据检测结果可对影响过程状况的变量进行自动调节或操纵,以达到提高质量、降低成本、节约能源、减少污染和安全生产等目的。

通过测量可以得到被测量的测量值,然而测量目的还未全部达到。为了准确地获取表征对象特征的定量信息,还要对实验结果进行数据处理与误差分析、估计结果的可靠性等,以便为保证安全生产、提高经济效益、保证产品的质量,实现生产过程的自动化以及科学研究等提供可靠的数据。至于检测技术,其意义更加广泛。它是指以下的全过程:按照被测对象的特点,选用合适的测量仪器与实验方法,通过测量及数据的处理和误差分析,准确得到被测量的数值并为提高测量精度、改进测量方法及测量仪器,为生产过程的自动化等提供可靠的依据。

检测技术涉及的内容非常广泛,包括被检测信息的获取、转换、显示以及测量数据的处理等技术。随着科学技术的不断进步,特别是随着微电子技术、计算机技术等高新科技的发展以及新材料、新工艺的不断涌现,检测技术也在不断发展,已经成为一门实用性和综合性很强的新兴学科。

3.2.1.1　检测的特点

检测仪表作为人类认识客观世界的重要手段和工具,应用领域十分广泛,工业过程是其最重要的应用领域之一。工业过程检测具有如下特点:

(1) 被测对象形态多样。有气态、液态、固态介质及其混合体,也有的被测对象具有特殊性质(如强腐蚀、强辐射、高温、高压、深冷、真空、高黏度、高速运动等)。

(2) 被测参数性质多样。有温度、压力、流量、物位等热工量,也有各种机械量、电工量、化学量、生物量,还有某些工业过程要求检测的特殊参数。

(3) 被测变量的变化范围宽。如被测温度可以是 1 000℃以上的高温,也可以是 0℃以下的低温甚至超低温。

(4) 检测方式多种多样。既有离线检测,又有在线检测;既有单参数检测,又有多参数同时检测,还有每隔一段时间对不同参数的巡回检测等。

(5) 检测环境比较恶劣。在工业生产过程中,存在着许多不利于检测的影响因素,如电源电压波动,温度、压力变化以及在工作现场存在水气、烟雾、粉尘、辐射、振动等。因此要求检测仪表具有较强的抗干扰能力和相应的防护措施。

针对工业过程检测的上述特点,要求检测仪表不但具有良好的静态特性和动态特性,而且要对不同的被测对象和测量要求采用不同的测量原理和测量手段。因此,检测仪表的种类繁多,而且为了适应工业过程对检测技术提出的新要求,还将有各式各样的新型仪表不断涌现(如带有微处理器的智能仪表)。

3.2.1.2　测量的单位

数值为 1 的某量,称之为该量的测量单位或计量单位。由于测量单位是人为定义的,它带有任意性、地区性与习惯性等。例如,质量的单位就有公斤、市斤、磅、克、盎司、克拉等;长度的单位就有米、市尺、英尺、海里、码等。这些单位还是不够科学和严格。单位制的混乱和不统一,不仅在世界各国,而且在一个国家内部都是存在的,它给人们的生活、生产及科学技术的发展等带来了极大的不便和困难,因此,测量单位必须予以统一。同时,随着生产和科学技术的发展,对测量精确度的要求越来越高,因此,也必须提高测量单位的准确性与科学性。1993 年,由国家技术监督局颁布的《国际单位制及其应用》的国家强制性标准采用国际标准 ISO 1000《国际单位制(SI)》(1991 年第 6 版)见表 3-1。

表 3-1   **SI 基本单位**

量的名称	单位名称	单位符号	量的名称	单位名称	单位符号
长度	米	m	热力学温度	开[尔文]	K
质量	千克(公斤)	kg	物质的量	摩[尔]	mol
时间	秒	s	发光强度	坎[德拉]	cd
电流	安[培]	A			

3.2.2 检测仪表的分类与组成

检测仪表是能确定所感受的被测变量大小的仪表。它可以是传感器、变送器和自身兼有检出元件和显示装置的仪表。

传感器件是能接受被测信息,并按一定规律将其转换成同种或别种性质的输出变量的仪表。输出为标准信号的传感器称为变送器。所谓标准信号,是指变化范围的上下限已经标准化的信号(例如 4～20 mA DC,20～100 kPa 等)。

3.2.2.1 检测仪表的分类

检测仪表可按下述方法进行分类:

(1) 按被测量分类,可分为温度检测仪表、压力检测仪表、流量检测仪表、物位检测仪表、机械量检测仪表以及过程分析仪表等。

(2) 按测量原理分类,如电容式、电磁式、压电式、光电式、超声波式、核辐射式检测仪表等。

(3) 按输出信号分类,可分为输出模拟信号的模拟式仪表、输出数字信号的数字式仪表以及输出开关信号的检测开关(如振动式物位开关、接近开关)等。

(4) 按结构和功能特点分类。按照测量结果是否就地显示,分为测量与显示功能集于一身的一体化仪表和将测量结果转换为标准输出信号并远传至控制室集中显示的单元组合仪表;按照仪表是否含有微处理器,分为不带有微处理器的常规仪表和以微处理器为核心的微机化仪表。后者的集成度越来越高,功能越来越强,有的已具有一定的人工智能,常被称为智能化仪表。目前,有的仪表供应商又推出了"虚拟仪器"的概念。所谓"虚拟仪器"是在标准计算机的基础上加一组软件或(和)硬件,使用者操作这台计算机,即可充分利用最新的计算机技术来实现和扩展传统仪表的功能。这套以软件为主体的系统能够享用普通计算机的各种计算、显示和通信功能。在基本硬件确定之后,就可以通过改变软件的方法来适应不同的需求,实现不同的功能。虚拟仪器彻底打破了传统仪表只能由生产厂家定义,用户无法改变的局面。用户可以自己设计、自己定义,通过软件的改变来更新自己的仪表或检测系统,改变传统仪表功能单一或有些功能用不上的缺陷,从而节省开发、维护费,减少开发专用检测系统的时间。

不同类型检测仪表的构成方式不尽相同,其组成环节也不完全一样。通常,检测仪表由原始敏感环节(传感器或检出元件)、变量转换与控制环节、数据传输环节、显示环节、数据处理环节等诸环节组成。检测仪表内各组成环节,可以构成一个开环测量系统,也可以构成闭环测量系统。开环测量系统是由一系列环节串联而成,其特点是信号只沿着从输入到输出的一个方向(正向)流动。开环测量系统的构成方式如图 3-1 所示,一般较常见的检测仪表大多为开环测量系统。例如温度检测仪表,以被测温度为输入信号,以毫伏计指针的偏移作为输出信号的呼应,信号在该系统内仅沿着正向流动。闭环测量系统的构成方式如图 3-2 所示,其特点是除了信号传输的正向通路外,还有一个反馈回路。在采用零值法进行测量的自动平衡式显示仪表中,各组成环节即构成一个闭环测量系统。

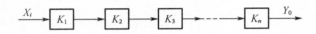

图 3-1　开环测量系统的构成方式

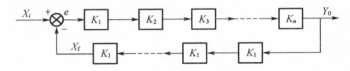

图 3-2　闭环测量系统的构成方式

3.2.2.2　检测仪表的构成

从使用的角度来说,各种测量仪表所测量的参数不同、测量原理及输出方式不同,其结构也各不相同。但就其测量功能而言,一般不外乎由检测、变换、显示、传输环节组成。每个环节可能是一个元件,也可能是一个复杂的装置。

1. 检测环节

检测环节有时叫作传感器。检测元件一般与被测介质直接接触,感受被测量,并把被测量转换成相应的机械的、电的或其他形式的易于传递、测量的信号,完成对被测参数信号形式的转换。如玻璃水银温度计,其检测元件是水银泡,它利用热胀冷缩原理,把温度转换成相应的水银杆高度;热电偶温度计中,检测元件是热电偶,利用热电效应把温度直接转换成毫伏电动势信号。

检测元件是测量仪表的关键元件,决定整个仪表的测量质量,因而对检测元件具有较高的要求。例如:检测元件的输入输出特性,即被测量与转换信号间要有简单的单位函数关系,最好是线性关系;检测元件的输出信号不受非被测量的影响,以减少干扰;检测元件在测量过程中所消耗的被测对象的能量小,减少对被测对象的影响及干扰。

2. 变换环节

变换环节是测量仪表的中间环节,有时称为变换器。它的作用是将检测元件的输出信号进行放大、传输、线性化处理或转换成标准统一信号输出,以供给显示环节进行显示。例如:在弹簧管压力表中,变换环节是齿轮——杠杆传动机构,它将弹簧管(检测元件)的微小弹性变形转换并放大为指针的偏转;在电动单元组合仪表中,变换环节将检测元件的输出信号转换成具有统一数值范围的标准电信号(0~10 mA·DC 或 4~20 mA·DC)输出,使一种显示器能够用于不同参数的显示。

3. 显示环节

显示环节是人-机联系的主要环节,它的作用是向观察者显示被测量数值的大小。也就是将转换放大后的信号,与被转换了的测量单位,用人们易于观察的形式比较,以指示出被测量的大小。如指针式显示仪表,是利用指针对标尺的相对位置来表示被测量数值的,被测量的测量单位被转换成了标尺的刻度分格。这种操作者参与比较过程的显示，称为模拟显示。而用数字形式显示被测量数值的显示方式称为数字显示，其比较过程在仪表内进行。

4. 传输环节

传输环节的作用是联系仪表的各个环节，给其他环节的输入输出信号提供通路。

3.2.3 检测仪表的品质指标

根据工业过程检测的特点和需要，对检测仪表的品质有多种要求，现将较常用的品质指标加以介绍。

1. 灵敏度

灵敏度是指检测仪表在到达稳态后，输出增量与输入增量之比，即

$$K = \frac{\Delta Y}{\Delta X} \tag{3-1}$$

式中 K——灵敏度；

ΔY——输出变量 Y 的增量；

ΔX——输入变量 X 的增量。

对于带有指针和刻度盘的仪表，灵敏度亦可直观地理解为单位输入变量所引起的指针偏转角度或位移量。

当仪表具有线性特性时，其灵敏度 K 为一常数。反之，当仪表具有非线性特性时，其灵敏度将随着输入变量的变化而改变。

2. 线性度

在通常情况下，总是希望仪表具有线性特性，亦即其特性曲线最好为直线。但是，在对仪表进行校准时常常发现，那些理论上应具有线性特性的仪表，由于各种因素的影响，其实际特性曲线往往偏离了理论上的规定特性曲线（直线）。在检测技术中，采用线性度这一概念来描述仪表的校准曲线与规定直线之间的吻合程度，如图3-3所示。校准曲线与规定直线之间最大偏差的绝对值称为线性度误差，其线性度可表示为

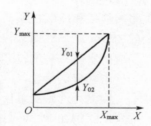

图 3-3　仪表的线性度

$$L = \frac{|Y_{01} - Y_{02}|}{Y_{max}} \tag{3-2}$$

3. 分辨率

分辨率反映仪表能检测出被测量的最小变化的能力，又称分辨能力。当输入变量从某个任意值（非零值）开始缓慢增加，直至可以观测到输出变量的变化时为止的输入变量的增量即为仪表的分辨率。分辨率可以用绝对值来表示，也可以用满刻度的百分比来表示。例如，某位移传感器的分辨率为 0.001 mm，某指针式仪表的分辨率为 0.01%F.S（F.S 表示满量程）等。

对于数字式仪表，分辨率是指数字显示器的最末一位数字间隔所代表的被测量值。例如，某光栅式位移传感器与 100 细分的光栅数显表相配时的分辨率为 0.000 1 mm，与 20 细分的光栅数显表相配时的分辨率为 0.000 5 mm 等。

4. 滞环、死区和回差

仪表内部的某些元件具有储能效应,例如弹性变形、磁滞现象等,其作用使得仪表检验所得的实际上升曲线和实际下降曲线常出现不重合的情况,从而使得仪表的特性曲线形成环状,该种现象即称为滞环。显然在出现滞环现象时,仪表的同一输入值常对应多个输出值,并出现误差。

仪表内部的某些元件具有死区效应,例如传动机构的摩擦和间隙等,其作用亦可使得仪表检验所得的实际上升曲线和实际下降曲线常出现不重合的情况。这种死区效应使得仪表输入在小到一定范围后不足以引起输出的任何变化,而这一范围则称为死区。考虑仪表特性曲线呈线性关系的情况,因此,存在死区的仪表要求输入值大于某一限度才能引起输出的变化,死区也称为不灵敏区。

也可能某个仪表既具有储能效应,也具有死区效应,其综合效应将是以上两者的综合。在以上各种情况下,实际上升曲线和实际下降曲线间都存在差值,其最大的差值称为回差,亦称变差,或来回变差。

5. 重复性和再现性

在同一工作条件下,同方向连续多次对同一输入值进行测量所得的多个输出值之间相互一致的程度称为仪表的重复性,它不包括滞环和死区。实际上,某种仪表的重复性常选用上升曲线的最大离散程度和下降曲线的最大离散程度中的最大值来表示。

再现性包括滞环和死区,它是仪表实际上升曲线和实际下降曲线之间离散程度的表示,常取两种曲线之间离散程度最大点的值来表示。

重复性是衡量仪表不受随机因素影响的能力,再现性是仪表性能稳定的一种标志,因而在评价某种仪表的性能时常同时要求其重复性和再现性。重复性和再现性优良的仪表并不一定精度高,但高精度的优质仪表一定有很好的重复性和再现性。

6. 精确度

被测量的测量结果与(约定)真值间的一致程度称为精确度。仪表按精确度高低划分成若精确度等级,见表 3-2。根据测量要求,选择适当的精确度等级,是检测仪表选用的重要环节。

表 3-2　　　　　　　　　　工业常见仪表精度等级

精度等级	0.1	0.2	0.5	1.0	1.5	2.0	2.5	5.0
允许误差/%	0.1	0.2	0.5	1.0	1.5	2.0	2.5	5.0
引用误差/%	≤0.1	≤0.2	≤0.5	≤1.0	≤1.5	≤2.0	≤2.5	≤5.0

7. 长期稳定性

长期稳定性是仪表在规定时间(一般为较长时间)内保持不超过允许误差范围的能力。

8. 动态特性

动态特性指被测量随时间迅速变化时,仪表输出追随被测量变化的特性。它可以用微分方程和传递函数来描述。但通常以典型输入信号(阶跃信号、正弦信号等)所产生的相应输出(阶跃响应、频率响应等)来表示。

3.2.4 水处理系统常用检测仪表与传感器

水处理系统的检测仪表包括工作参数和水质(或特性)参数检测仪表两大类。

3.2.4.1 工作参数仪表

工作参数检测仪表主要包括温度、压力、液位、流量等仪表。

1. 温度检测仪表

温度是表征物体冷热程度的物理量,是工业生产和科学实验中最普遍、最重要的参数之一。在给水与污水处理过程中,温度的测量和控制与水处理的质量密切相关。例如,对生活污水进行生化处理时,温度过高或过低,都会严重影响水中微生物的生长、繁殖,从而影响污水处理的质量。从原理上来说,温度计可分为以下几类。

(1)膨胀式温度计,就是以物质的热膨胀性质与温度的固有关系为基础来制造的温度计,主要有玻璃膨胀液体温度计、双金属温度计和压力式温度计三种。

(2)热电偶温度计,是以热电偶为感温元件的温度计。其原理是基于热电效应,两种不同的导体(半导体)组成闭合回路,利用两个连接点温度不同产生的热电动势与工作端温度的函数关系,通过测得的热电动势求得工作端温度(图 3-4)。

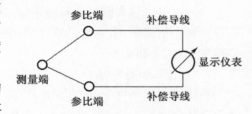

图 3-4 热电偶温度计原理图

(3)热电阻温度计,是以热电阻为感温元件的温度计。是根据组成热电阻的金属或半导体电阻值随温度的变化而变化的性质来测定的。

2. 液位检测仪表

液位是工业生产中重要的物理量,水处理系统中一些构筑物及药剂储池都要安装液位仪表(图 3-5)。液位测量的目的有两个:一是为了确定容器内液体储存的数量,以保证连续生产的需要或进行经济核算;二是了解液位是否在规定的范围内,以便对液位实施控制,保证生产安全、正常地进行。常用的液位检测仪表如表 3-3 所示。

表 3-3 常见液位检测方法及特点

液位检测方法	测量原理	特点	检测仪表
直读式	采用在设备容器侧壁开窗口或旁通管方式,直接显示液位的高度	最简单,方法可靠、准确,只能就地指示,用于液位检测和压力较低的场合	—
静压式	基于流体静力学原理,液面高度与液柱重量形成的静压力成比例关系,当被测介质密度不变时,通过测量参考点的压力测量液位	—	压力式液位计差压式液位计吹气液位计
浮力式	基于阿基米德定量,漂浮于液面的浮子或浸没在液体中的浮筒,在液位发生变化时其浮力发生相应的变化来测量液位	—	浮子液位计浮筒液位计

（续表）

液位检测方法	测量原理	特点	检测仪表
机械接触式	通过测量物位探头与物料面接触时的机械力实现液位的测量	—	重锤液位计 音叉液位计 旋翼液位计
电气式	将电气式液位计的敏感元件置于被测介质中，当液值发生变化时，其电气参数会发生相应的变化，通过检测这些参数测量液位	可以测量液位也可以测量料位	电阻式、电容式、磁致收缩式液位计
超声波式	利用超声波在介质中的传播速度以及在不同相界面之间的发射特性来检测液位高低	测量液位和料位	—
射线式	放射线同位素所发出的射线穿过被测介质时，因被测介质吸收其强度衰减，通过侦测放射线强度的变化来测量液位	可以实现液位的非接触式测量	—
光纤式	基于液位对光波的折射和反射原理		

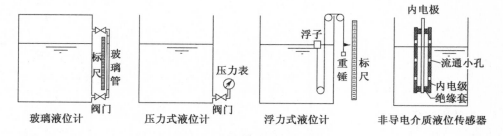

图 3-5　四种液位计原理图

3. 压力检测仪表

压力是工业生产过程中的重要参数之一，通过对压力的测量对系统进行合理的操作与调节，使其运行情况保持在正常、经济、安全要求的范围之内。还有一些其他物理量，如温度、流量、液位等往往可通过压力来间接测量。

目前工业上压力检测的方法和仪表很多，根据测压原理，压力检测仪表大致可分为以下四类。各种压力仪表的分类及其性能特点如表 3-4 所示。

表 3-4　　　　　　　　　　　　　　压力仪表的分类及性能特点

类别	测量原理	压力表形式	测压范围/Pa	准确度等级	输出信号	性能特点
液柱式	根据流体静力学原理，将被测压力转换为液柱高度	U 型管	−10～10	0.2，0.5	水柱高度	实验室低压、微压、负压
		补偿式	−2.5～2.5	0.02，0.1	旋转刻度	微压准确仪表
		自动液柱式	−100～100	0.005～0.01	自动计数	用光电信号自动跟踪液面，压力基准仪表

（续表）

类别	测量原理	压力表形式	测压范围/Pa	准确度等级	输出信号	性能特点
弹压式	基于弹性元件受力变形的原理，将被测压力转换为位移来实现测量	弹簧管	$-100\sim10^6$	$0.1\sim4.0$	位移，转角或力	直接安装，就地测量或校验
		膜片	$-100\sim10^3$	$1.0\sim2.5$		用于腐蚀性、高黏性介质测量
		膜盒	$-100\sim100$	$1.5,2.5$		用于微压的测量与控制
		波纹管	$0\sim100$	$1.5,2.5$		用于生产过程的低压测控
负荷式	基于静力平衡原理进行压力测量	活塞式	$0\sim10^6$	$0.01\sim0.1$	砝码负荷	结构简单坚实，准确度高，广泛用做压力基准器
		浮球式	$0\sim10^4$	$0.02,0.05$		
电气式	利用敏感元件将被测压力转换为各种电量	电阻式	$-100\sim10^4$	$1.0,1.5$	电压电流	结构简单，耐震性差
		电感式	$0\sim10^5$	$0.2\sim1.5$	电压电流	环境要求低，信号处理灵活
		电容式	$0\sim10^4$	$0.05\sim0.5$	电压电流	动态响应快，灵敏度高，易受干扰
		压阻式	$0\sim10^5$	$0.02\sim0.2$	电压电流	性能稳定可靠，结构简单
		压电式	—	$0.1\sim1.0$	电压	响应速度快，多用于测量震动压力
		压变式	$-100\sim10^4$	$0.1\sim1.5$	电压	冲击、温度、湿度影响小，电路复杂
		振频式	$0\sim10^4$	$0.05\sim0.5$	频率	性能稳定，准确度高
		霍尔式	$0\sim10^4$	$0.5\sim1.5$	电压	灵敏度高，易受干扰

4. 流量检测仪表

流量是判断水处理系统的工作状况、衡量设备的运行效率及进行经济核算的重要依据。工业上常用的流量计，按其测量原理可分为差压式流量计、面积式流量计、速度式流量计和容积式流量计等多种类型。

差压式流量计又称节流式流量计，它是在流通管道上安装流动阻力元件，流体通过阻力元件时，流束将在截流元件处形成局部收缩，使流速增大，静压力降低，于是在阻力元件前后产生压力差。该压力差通过压力计检出，实现流量的测量。

面积流量计结构简单，广泛用于工业测量。其工作原理是利用浮子在流体中的位置确定流量。当浮子在上升水流中处于静止状态时，其位置与流量存在关系。最常用的面积流量计是圆形截面锥管和旋转浮子组合形式的转子流量计。

速度式流量计是利用测量元件感受流体的流速而实现流速的测量。例如涡轮流量计是一种典型的速度式流量计，当流体推动涡轮转动时，叶片将周期性地切割永久磁铁产生的磁力线，从而引起磁电系统磁阻的周期性变化，在感应线圈中产生周期性变化的感应电动势，通过对其频率的计数，将介质流速转换成流量数据。

容积流量计的原理是，使流体充满具有一定体积的空间，然后把这部分流体送到流出口排出，类似于用翻斗测量液体的体积。流量计内部都有构成一定容积的"斗"的空间，这种流量计适合于体积流量的精密测量。常用的容积流量计有往复活塞式、旋转活塞式、圆板式、刮板式、齿轮式等多种形式(图 3-6、表 3-5)。

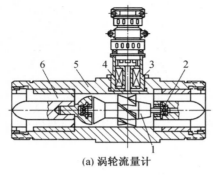

(a) 涡轮流量计

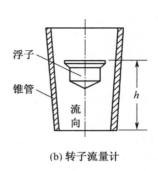

(b) 转子流量计

1—涡轮；2—轴承；3—永久磁钢；4—线圈；5—外壳；6—导流器

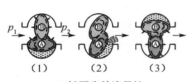

(c) 椭圆齿轮流量计

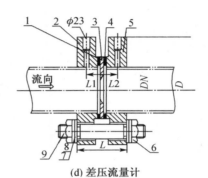

(d) 差压流量计

1,4—上、下游密封垫；2—上游取压法兰；3—孔板；
5—下游取压法兰；6—螺母；7—弹簧垫圈；8—垫圈；9—双头螺栓

图 3-6　几种流量计示意图

表 3-5　　　　　　　　　　　　常用流量计的性能比较

	测量原理	被测介质	测量精度	直管段要求	水头损失	适用口径/mm
椭圆齿轮流量计	测出输出轴转数	气体、液体	$\pm(0.2\sim0.5)\%$	不需要	有	10~300
涡轮流量计	由被测液体推动叶轮旋转	液体、气体	$\pm(0.5\sim1)\%$	需要	有	2~500
转子流量计	定压降环形面积可变原理	液体、气体	$\pm(1\sim2)\%$	不需要	有	2~150
差压流量计	伯努利方程	液体、气体、蒸汽	$\pm2\%$	需要	较大	50~1 000
电磁流量计	法拉第电磁感应定律	导电性液体	$\pm(0.5\sim1.5)\%$	上游需要，下游不需要	几乎没有	2~2 400
超声波流量计	超声波传播速度、多普勒效应	液体、气体	$\pm(0.5\sim2.0)\%$	需要	没有	6~7 600

3.2.4.2 水质参数仪表

1. pH 值检测仪表

溶液的酸碱度可用氢离子浓度来表示，由于氢离子浓度的绝对值很小，所以常常将溶液中的氢离子浓度，取以 10 为底的负对数，定义为 pH 值。在工业生产过程中常用电位测定来测量 pH 值。工业 pH 值计由发信和检测两部分组成。发信部分实际上是一个电化学传感器，其主要组成部分是参比电极和指示电极。当待测溶液流经发信部分时，真电极和待测溶液就形成一个化学电池，在两电极间所产生的电动势大小与待测溶液的 pH 值成确定的函数关系。待测溶液的 pH 值是通过转换成原电池的电动势来间接测量的(图 3-7)。

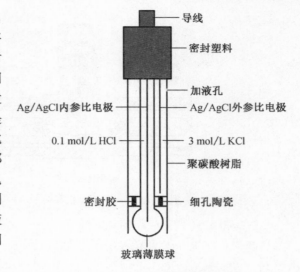

图 3-7　复合 pH 电极示意图

2. 溶解氧检测仪表

溶解氧是指水中溶解的分子状态氧。在化学方面，溶解氧是一种氧化剂，在生物化学方面是水生生物呼吸不可缺少的成分；在活性污泥法污水处理工艺中，溶解氧测定还是保证水处理工艺正常进行的主要控制参数。

工业过程测量中，大多采用电化学传感器来测定液体中的溶解氧浓度。这种电化学传感器是基于极限扩散电流与待测物质组分的浓度成正比的关系来进行测量的，其基本结构实际上是一个化学电池。在该化学电池内部的传质过程中，主要是扩散在起决定性作用。用一个透气性薄膜把被测溶液同传感器内部的电极隔开。水分子不能

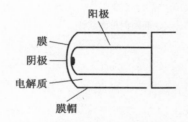

图 3-8　溶解氧电极示意图

透过该隔膜，而被测溶液中的溶解氧却可以透过该隔膜扩散到电极上去。此时的扩散电流取决于溶液中的氧分子透过隔膜的扩散速度。当温度恒定时，稳定状态下的极限扩散电流与溶液中溶解氧浓度之间存在比例关系。因此只要测得传感器在稳定状态下输出的电流，即可得到待测溶液中的溶解氧浓度(图 3-8)。

3. 浊度检测仪表

水中所含杂质颗粒大小超过 10^{-6} mm，如各种有机物质、细菌、藻类、油脂、金属氢氧化物、黏土、砂、砾石等不溶解物，会影响水的透明度，造成光学的综合现象，使人视觉上呈有浑浊的印象。对这一光学现象的度量指标就是浊度。浊度的高低直接关系到供水水质，它不仅与工业产品的质量直接相关，更影响到人民身体健康。据有关医学数据统计表明，出厂水的浊度降低，水中的细菌也按比例下降，特别是需要高余氯才能灭活的病毒在相当程度上是随着浊度的降低而降低的。据统计，随着浊度的降低，供水区居民的肝炎和小儿麻痹症的发病率也随之降低。因此，降低水的浊度，最大限度地提高制水质量，是保障人民健康所急需

解决的问题。

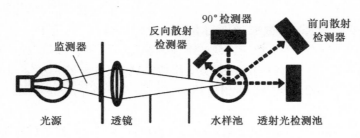

图 3-9　HACH 浊度比率检测系统结构及原理

目前各种类型的浊度仪,全都是利用光电光度法原理制成的。悬浊液体是光学不均匀性很显著的分散物质。当光线通过这种液体时,会在光学分界面上产生反射、折射、漫反射、漫折射等非常复杂的现象。与液体浊度有关的光学现象有:第一,光能被吸收。任何介质都要吸收一部分在其中传播的辐射能,因而使光线折射透过水样后的亮度有所减弱。第二,水中悬浊物颗粒尺寸大于照射光线的半波波长时,则光线被反射。若此颗粒为透明体,则将同时发生折射现象。第三,颗粒大小小于照射光线的半波波长时,光线将发生散射(或称漫反射、衍射)。由于这些光学现象,当射入试样水的光束强度固定时,透过水样后的光束强度或散射光的强度将与悬浊物的成分、浓度等形成函数关系。通过光电效应又可将光束强度转换为电流的大小,用以反映浊度。这就是当前各类浊度仪的基本工作原理(图 3-9)。

4. 余氯检测仪表

余氯是保证水质卫生指标的重要参数,也是加氯消毒工艺的基本控制参数。余氯在线分析是进行投氯控制的前提。余氯一般也是采用电极法进行测量。在两个电极之间施加电压,利用电极之间电解产生的氧化还原反应测量氯的浓度。

5. 电导检测仪表

由于电解质在水溶液中以带电离子的形式存在,因此溶液具有导电的性质,其导电能力的强弱称为电导度,简称为电导。测定水和溶液的电导,可以了解水被杂质污染的程度和溶液中所含盐分或其他离子的量。电导率是工业给水除盐工艺运行的主要监测项目之一。

一般来说,溶液的电导是用测量电阻的方法来测定的。只要测得溶液的电阻便可知道溶液的电导,所以,测量电导的仪器实际就是测量电阻的仪器。电导仪中的主要测量元件是电导电极,它是将惰性金属封接在玻璃或塑料管中制成的。通常使用的电导电极有两种,光亮铂片电极与镀铂黑电极。镀铂黑电极可以增加电极的有效面积,减弱电极的极化效应,用于精确测量电导较高的溶液的电导。

6. 流动电流检测技术

流动电流是表征水中胶体杂质表面电荷特性的一项重要参数,在水处理工艺的过程控制或技术研究中有重要作用。

根据现代胶体与表面化学理论,在固液相界面上由于固体表面物质的离解或对溶液中离子的吸附,会导致固体表面某种电荷的过剩,并使附近液相中形成反电荷离子的不均匀分布,从而构成固液界面的双电层结构,其中反离子层又分为吸附层与扩散层。当有外力作用时,双电层结构受到扰动,吸附层与固体表面紧密附着,而扩散层则可随液相流动,于是在吸附层与扩散层之间会出现相对位移。位移界面滑动面上显现出的电位,即众所熟知的 ξ 电位。流动电流传感器主要由圆形检测室(套筒)、活塞和环形电极组成,活塞和检测室内壁之间的缝隙构成一个环形毛细空间。当活塞在电机驱动下作往复运动时,水样中的微粒附着在"环形毛细管"壁上形成一个微粒"膜",水流的运动带动微粒"膜"扩散层中反离子运动,从而在"环形毛细管"的表面产生交变电流,此电流由检测室两端的环形电极收集并经放大处理后输出。最后的输出值即为所谓的流动电流检测值,以 4~20 mA、-10~+10 或 0~100%等相对单位表示,相对地代表水中胶体的荷电特性,可以作为水处理系统的监测或控制参数。

近年来,在线检测 COD、总磷、硝氮、氨氮、总悬浮固体等水质参数的仪表在生产中都有应用,检测技术的可靠性还有待实践检验。

3.3　自动控制中的调节器(控制器)

工业控制系统中,在检测的基础上,应用控制仪表(常称为控制器)和执行器来代替人工操作。自动调节仪表在自动控制系统中的作用是将被控变量的测量值与给定值相比较,产生一定的偏差,控制仪表根据该偏差进行一定的数学运算,并将运算结果以一定的信号形式送往执行器,以实现对于被控变量的自动控制。

从调节仪表的发展来看,大体上经历了以下三个阶段。

(1) 基地式调节仪表。这类调节仪表一般是与检测装置、显示装置一起组装在一个整体之内,同时具有检测、控制与显示的功能,所以它的结构简单、价格低廉、使用方便。但由于它的通用性差,信号不易传递,故一般只应用于一些简单控制系统。在一些中、小工厂中的特定生产岗位,这种控制装置仍被采用并具有一定的优越性。

(2) 单元组合式仪表中的调节单元。单元组合式仪表是将仪表按其功能的不同分成若干单元(例如变送单元、给定单元、控制单元、显示单元等),每个单元只完成其中的一种功能。各个单元之间以统一的标准信号相互联系。单元组合式仪表中的调节单元能够接受测量值与给定值信号,然后根据它们的偏差发出与之有一定关系的控制作用信号。单元组合式调节仪表有气动与电动两大类。目前,国产的气动调节仪表例

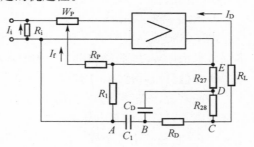

图 3-10　PID 反馈电路

如 QDZ-Ⅰ 型(膜片型),QDZ-Ⅱ 型(波纹管型),采用的是 20~100 kPa 的气动标准信号。电动调节仪表例如 DDZ-Ⅱ 型,采用的是 0~10 mA 信号,DDZ-Ⅲ 型采用的是 4~20 mA 信号。

(3) 以微处理器为基元的控制装置。微处理器自从 20 世纪 70 年代初出现以来,由于它灵敏、可靠、价廉、性能好,很快在自动控制领域得到广泛的应用。以微处理器为基元的控制装置其控制功能丰富、操作方便,很容易构成各种复杂控制系统。目前,在自动控制系统中应用的以微处理器为基元的控制装置主要有总体分散控制装置、单回路数字调节器、可编程数字控制器(PLC)和微计算机系统等(图 3-10)。

在实践中,以微处理器为基元的数字式控制器应用越来越广泛,现就数字式控制器进行介绍。

3.3.1　单回路数字控制器

随着微处理器的出现,近年来出现了一台计算机化仪表对应于一个控制回路(包括复杂的控制回路)的数字控制器。虽然它在实质上是一台过程用的微型计算机,但在外观、体积、信号制上都与 DDZ-Ⅲ 型控制器相似或一致,也装在仪表盘上使用,所以称为单回路数字控制器。

以 KMM 型可编程序调节器为例加以简单介绍。它是 DK 系列中的一个重要品种,而 DK 系列仪表又是集散控制系统 TDC-3000 的一部分,是为了把集散系统中的控制回路彻底分散到每一个回路而研制的。KMM 型可编程序调节器可以接收五个模拟输入信号(1~5 V),四个数字输入信号,输出三个模拟信号(1~5 V),其中一个可为 4~20 mA,输出三个数字信号。这种调节器的功能强大,它是在比例积分微分运算的功能上再加上好几个辅助运算的功能,并将它们都装到一台仪表中去的小型面板式控制仪表。它能用于单回路的简单控制系统与复杂的串级控制系统,除完成传统的模拟控制器的比例、积分、微分控制功能外,还能进行加、减、乘、除、开方等运算,并可进行高、低值选择和逻辑运算等。这种调节器除了功能丰富的优点外,还具有控制精度高、使用方便灵活等优点,调节器本身具有自诊断的功能,维修方便。当与计算机联用时,该调节器能以通信方式直接接受上位计算机来的设定值信号,可作为分散型数字控制系统中装置级的控制器使用。

调节器的启动步骤如下:

(1) 调节器在启动前,要预先将"后备手操单元"的"后备/正常"运行方式切换开关扳至"正常"位置。另外,还要拆下电池表面的两个止动螺钉,除去绝缘片后重新旋紧螺钉。

(2) 使调节器通电,调节器即处于"联锁手动"运行方式,联锁指示灯亮。

(3) 用"数据设定器"来显示、核对运行所必需的控制数据,必要时可改变 PID 参数。

(4) 按下复位按钮(R),解除"联锁"。这时就可进行手动、自动或串级操作。

这种调节器由于具有自动平衡功能,所以手动、自动、串级运行方式之间的切换都是无扰动的,不需要任何手动调整操作。

3.3.2　可编程序控制器

自美国 1969 年研制出了第一台可编程序控制器以来,随着微电子技术和计算机技术的迅猛发展,可编程序控制器有了突飞猛进的发展,有人称其为现代工业控制的三大支柱之一。

可编程序控制器初期主要用于顺序控制,虽然也采用了计算机的设计思想,但实际上只能进行逻辑运算,故称为可编程逻辑控制器,简称 PLC。随着它的发展和功能的扩大,现在已把中间的逻辑两字删除了。但基于习惯,也为了避免与个人计算机 PC 混淆,所以仍称为 PLC。

可编程序控制器的出现是基于微计算机技术,用来解决工艺生产中大量的开关控制问题。与过去的继电器系统相比,它的最大特点是在于可编程序,可通过改变软件来改变控制方式和逻辑规律,同时,功能丰富、可靠性强,可组成集散控制系统或纳入局部网络。与通常的微计算机相比。它的优点是语言简单、编程简便、面向用户、面向现场、使用方便。

目前,PLC 在国内已广泛应用于石油、化工、电力、钢铁、机械等各行各业。它除了可用

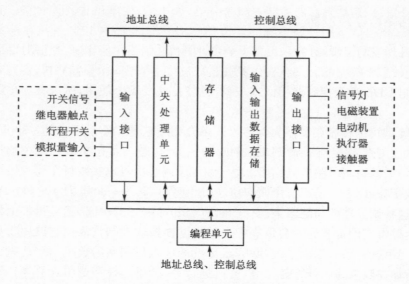

图 3-11　PLC 基本构成

于开关量逻辑控制、机械加工的数字控制、机器人的控制外,目前已广泛应用于连续生产过程的闭环控制,现代大型的 PLC 都配有 PID 子程序或 PID 模块,可实现单回路控制与各种复杂控制,也可组成多级控制系统,实现工厂自动化网络(图 3-11)。

1. PLC 的编程语言

PLC 采用面向过程、面向问题的"自然语言"编程,其特点是简单、易懂、易学、便于掌握。不同类型的 PLC,有不同的编程语言,通常有梯形图 LAD,语句表 STL,控制系统流程图、逻辑方程或布尔代数式等,除此之外,还有配 BASIC 语言或其他高级语言的。

2. 对 PLC 进行开发时的一般性步骤

(1) 首先要了解工艺过程及控制要求,确定输入、输出的点数和类型以及它们的控制逻辑关系。

(2) 编制输入、输出信号的现场代号和 PLC 内部等效继电器的地址编号对照表。

(3) 根据控制要求及输入、输出的点数和类型,确定需要的 PLC 的规模,选择功能和容量都能满足的 PLC。

(4) 根据工艺流程及控制要求,结合输入、输出编号对照表,画出梯形图并按照梯形图编写相应程序。

(5) 将程序通过编程器送入 PLC 并进行系统的模拟调试。检查和修改程序,直到完全正确为止。

(6) 进行硬件系统的安装接线,按编号要求接入所有外部设备。

(7) 对整个系统进行测试,然后经过试运行,方可投入正式使用。

3.4　自动控制系统

自动控制系统有多种分类方法,可以按被控变量来分类,如温度、压力、流量、液位等控制系统;也可以按控制器具有的控制规律来分类,如比例、比例积分、比例微分、比例积分微分等控制系统;还可以按照控制系统的复杂程度来分类,如简单控制系统和复杂控制系统等。在分析自动控制系统特性时,经常遇到的是将控制系统按照工艺过程需要控制的被控变量的给定值是否变化和如何变化来分类,这样可以分为三类,定值控制系统、随动控制系统和程序控制系统。

3.4.1　被控变量设定值的设置方式

3.4.1.1　定值控制系统(自动镇定系统)

所谓“定值”就是恒定给定值的简称。工艺生产中,如果要求控制系统的作用是使被控制的工艺参数保持在一个生产指标上不变,或者说要求被控变量的给定值不变,那么就需要采用定值控制系统。这类控制系统的任务是克服各种内外干扰因素的影响,维持被控参数恒定不变,化工生产中要求的大都是这种类型的控制系统,因此后面所讨论的,如果未加特别说明,都是指定值控制系统。

3.4.1.2　随动控制系统(自动跟踪系统)

这类系统的特点是给定值不断地变化,而且这种变化不是预先规定好了的,也就是说给定值是随机变化的。随动系统的目的就是使所控制的工艺参数准确而快速地跟随给定值的变化而变化。例如航空上的导航雷达系统、电视台的天线接收系统,都是随动系统的一些例子,这类控制系统的任务是让被控参数以尽可能小的误差,以最快的速度跟随给定值的变化。

在化工生产中,有些比值控制系统就属于随动控制系统,例如要求甲流体的流量与乙流体的流量保持一定的比值,当乙流体的流量变化时,要求甲流体的流量能快速而准确地随之变化。由于乙流体的流量变化在生产中可能是随机的,所以相当于甲流体的流量给定值也是随机的,故属于随动控制系统。

3.4.1.3　程序控制系统(顺序控制系统)

这类系统的给定值也是变化的,但它是一个已知的时间函数,即生产技术指标需按一定的时间程序变化。在轻工业生产中,程序控制系统应用较多。许多温度控制系统都属于程序控制系统,它们要求的温度指标不是一个恒定值,而是一个按工艺规程规定好的时间函数,具有一定的升温时间、保温时间、降温时间。近年来,程序控制系统应用日益广泛,一些定型的或非定型的程控装置越来越多地被应用到生产中,微型计算机的广泛应用也为程序控制提供了良好的技术工具与有利条件。

3.4.2　简单控制系统的结构

所谓简单控制系统,通常是指由一个测量元件(或变送器)、一个控制器、一个控制阀和一个对象所构成的单闭环控制系统,因此也称为单回路控制系统。

为了更清楚地表达自动控制系统中各组成环节之间的相互关系和信号之间的联系,一般将自动控制系统的组成用方框图来表示。图 3-12 是简单控制系统的典型方框图。由图可知,简单控制系统由四个基本环节组成,即被控对象(简称对象)、测量变送装置、控制器和执行器。对于不同对象的简单控制系统,尽管其具体装置与变量不相同,但都可以用相同的方框图来表示,这就便于对它们的共性进行研究。

从图 3-12 还可以看出,在该系统中有着一条从系统的输出端引向输入端的反馈路线,也就是说该系统中的控制器是根据被控变量的测量值与给定值的偏差来进行控制的,这是简单反馈控制系统的又一特点。

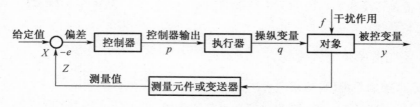

图 3-12　简单控制系统的方框图

简单控制系统的结构比较简单,所需的自动化装置数量少,投资低,操作维护也比较方便,而且在一般情况下都能满足控制质量的要求。因此,这种控制系统在工业生产过程中得到了广泛的应用。

前面已经介绍了组成简单控制系统的各个组成部分,包括测量变送装置、控制器、执行器等。此处介绍组成被控变量及操纵变量的选择、控制器控制规律的选择及控制器参数的工程整定。

3.4.3　被控变量与操纵变量的选择

3.4.3.1　被控变量

被控变量的选择是与生产工艺密切相关的,而影响一个生产过程正常操作的因素是很多的,但并非所有影响因素都要加以自动控制。所以,必须深入实际调查研究,分析工艺,找出影响生产的关键变量作为被控变量。所谓"关键"变量,是指这样一些变量,它们对产品的产量、质量以及安全具有决定性的作用,而人工操作又难以满足要求;或者人工操作虽然可以满足要求,但是,这种操作是既紧张而又频繁的。

根据被控变量与生产过程的关系,可分为两种类型的控制形式:直接指标控制与间接指标控制。如果被控变量本身就是需要控制的工艺指标(温度、压力、流量、液位、成分等),则称为直接指标控制,如果工艺是按质量指标进行操作的,照理应以产品质量作为被控变量进行控制,但有时缺乏各种合适的获取质量信号的检测手段,或虽能检测,但信号很微弱或滞后很大,这时可选取与直接质量指标有单值对应关系而反应又快的另一变量,如温度、压力等作为间接控制指标,进行间接指标控制。

被控变量的选择,有时是一件十分复杂的工作,除了前面所说的要找出关键变量外,还要考虑许多其他因素,一般要遵循下列原则:

(1) 被控变量应能代表一定的工艺操作指标或能反映工艺操作状态,一般都是工艺过程中比较重要的变量;

(2) 被控变量在工艺操作过程中经常要受到一些干扰影响而变化。为维持被控变量的恒定,需要较频繁的调节;

(3) 尽量采用直接指标作为被控变量,当无法获得直接指标信号或其测量和变送信号滞后很大时,可选择与直接指标有单值对应关系的间接指标作为被控变量;

(4) 被控变量应能被测量出来,并具有足够大的灵敏度;

（5）选择被控变量时,必须考虑工艺合理性和仪表产品现状;

（6）被控变量应是独立可控的。

3.4.3.2　操纵变量

在自动控制系统中,把用来克服干扰对被控变量的影响,实现控制作用的变量称为操纵变量。当被控变量选定以后,接下去应对工艺进行分析,找出有哪些因素会影响被控变量发生变化。一般来说,影响被控变量的外部输入往往有若干个而不是一个,在这些输入中,有些是可控（可以调节）的,有些是不可控的。原则上,是在诸多影响被控变量的输入中选择一个对被控变量影响显著而且可控性良好的输入,作为操纵变量,而其他未被选中的所有输入量则视为系统的干扰。

在诸多影响被控变量的因素中,一旦选择了其中一个作为操纵变量,那么其余的影响因素都成了干扰变量。操纵变量与干扰变量作用在对象上,都是会引起被控变量变化的。干扰变量由干扰通道施加在对象上,起着破坏作用,使被控变量偏离给定值;操纵变量由控制通道施加到对象上,使被操纵变量回复到给定值,起着校正作用。这是一对相互矛盾的变量,它们对被控变量的影响都与对象特性有密切的关系。因此在选择操纵变量时,要认真分析对象特性,以提高控制系统的控制质量。

根据以上分析,概括来说,操纵变量的选择原则主要有以下几条:

（1）操纵变量应是可控的,即工艺上允许调节的变量,而且在控制过程中该变量变化的极限范围也是生产允许的。除了物料平衡的控制之外,不应该因设置控制系统而改变了原有的生产能力。

（2）操纵变量一般应比其他干扰对被控变量的影响更加灵敏。为此,应通过合理选择操纵变量,使控制通道的放大系数适当大、时间常数适当小（但不宜过小,否则易引起振荡）、纯滞后时间尽量小。为使其他干扰对被控变量的影响减小,应使干扰通道的放大系数尽可能小,时限常数尽可能大。

（3）在选择操纵变量时,除了从自动化角度考虑外,还要考虑工艺的合理性与生产的经济性。一般说来,不宜选择生产负荷作为操纵变量,因为生产负荷直接关系到产品的产量,是不宜经常波动的。另外,从经济性考虑,应尽可能地降低物料与能量的消耗。

3.4.4　控制器控制规律的确定

目前工业上常用的控制器主要有三种控制规律,比例控制规律、比例积分控制规律和比例积分微分控制规律,分别简写为 P,PI 和 PID。

选择哪种控制规律主要是根据广义对象的特性和工艺要求来决定的。下面分别说明各种控制规律的特点及应用场合。

3.4.4.1　比例控制器

比例控制器是具有比例控制规律的控制器,它的输出 p 与输入偏差 e（实际上是指它们的变化量）之间的关系为

$$p = K_p e \tag{3-3}$$

比例控制器的可调整参数是比例放大系数 K_p 或比例度 δ,对于单元组合仪表来说,它们的关系为

$$\delta = \frac{1}{K_p} \times 100\% \tag{3-4}$$

比例控制器的特点是,控制器的输出与偏差成比例,即控制阀门位置与偏差之间具有一一对应关系。当负荷变化时,比例控制器克服干扰能力强、控制及时、过渡时间短。在常用控制规律中,比例作用是最基本的控制规律,不加比例作用的控制规律是很少采用的。但是,纯比例控制系统在过渡过程终了时存在余差。负荷变化越大,余差就越大。比例控制器适用于控制通道滞后较小、负荷变化不大、工艺上没有提出无差要求的系统。

3.4.4.2 比例积分控制器

比例积分控制器是具有比例积分控制规律的控制器。它的输出 p 与输入偏差 e 的关系为

$$p = K_p \left(e + \frac{1}{T_I} \int e \, dt \right) \tag{3-5}$$

比例积分控制器的可调整参数是比例放大系数 K_p(或比例度 δ)和积分时间 T_I。

比例积分控制器的特点是:由于在比例作用的基础上加上积分作用,而积分作用的输出是与偏差的积分成比例,只要偏差存在,控制器的输出就会不断变化,直至消除偏差为止。所以采用比例积分控制器,在过渡过程结束时是无余差的,这是它的显著优点。但是,加上积分作用,会使稳定性降低,虽然在加积分作用的同时,可以通过加大比例度,使稳定性基本保持不变,但超调量和振荡周期都相应增大,过渡过程的时间也加长。

比例积分控制器是使用最普遍的控制器。它适用于控制通道滞后较小、负荷变化不大、工艺参数不允许有余差的系统。例如流量、压力和要求严格的液位控制系统,常采用比例积分控制器。

3.4.4.3 比例积分微分控制器

比例积分微分控制器是具有比例积分微分控制规律的控制器,常称为三作用(PID)控制器。理想的三作用控制器,其输出 p 与输入偏差 e 之间具有下列关系

$$p = K_p \left(e + \frac{1}{T_I} \int e \, dt + T_D \frac{de}{dt} \right) \tag{3-6}$$

比例积分微分控制器的可调整参数有三个:即比例放大系数 K_p(比例度 δ)、积分时间 T_I 和微分时间 T_D。

比例积分微分控制器的特点是:微分作用使控制器的输出与输入偏差的变化速度成比例,它对克服对象的滞后有显著的效果。在比例的基础上加上微分作用能提高稳定性,再加上积分作用可以消除余差。所以,适当调整 δ、T_I、T_D 三个参数,可以使控制系统获得较高的控制质量。

比例积分微分控制器适用于容量滞后较大、负荷变化大、控制质量要求较高的系统,应用最普遍的是温度控制系统与成分控制系统。对于滞后很小或噪声严重的系统,应避免引入微分作用,否则会由于被控变量的快速变化引起控制作用的大幅度变化,严重时会导致控制系统不稳定。关于控制规律的选择可归纳为如下几点:

(1)在一般的连续控制系统中,比例控制是必不可少的。如果控制通道滞后较小,负荷变化较小,而工艺要求又不高,可选用单纯的比例控制规律。

（2）如果控制系统需要消除余差，就要选用积分控制规律，即选择比例积分控制规律或比例积分微分控制规律。

（3）如果控制系统需要克服容量滞后或较大的惯性，就要选用微分控制规律，即选择比例微分控制规律或比例积分微分控制规律。

目前生产的模拟式控制器一般都同时具有比例、积分、微分三种作用，只要将其中的微分时间 T_D 置于 0，就成了比例积分控制器；如果同时将积分时间 T_I 置于无穷大，便成了比例控制器。

3.4.5　控制器参数的工程整定

一个自动控制系统的过渡过程或者控制质量，与被控对象、干扰形式与大小、控制方案的确定及控制器参数整定有着密切的关系。在控制方案、广义对象的特性、控制规律都已确定的情况下，控制质量主要就取决于控制器参数的整定。所谓控制器参数的整定，就是按照既定的控制方案，求取使控制质量最好的控制器参数值。具体来说，就是确定最合适的控制器比例度 δ、积分时间 T_I 和微分时间 T_D。

工程整定法是在已经投运的实际控制系统中，通过试验或探索，来确定控制器的最佳参数。这种方法是工艺技术人员在现场经常遇到的。下面介绍其中的几种常用工程整定法。

3.4.5.1　临界比例度法

它是先通过试验得到临界比例度 δ_K 和临界周期 T_K，然后根据经验总结出来的关系求出控制器各参数值。具体做法如下：在闭环的控制系统中，先将控制器变为纯比例作用，即将 T_I 放在"∞"位置上，T_D 放在"0"位置上。在干扰作用下，从大到小地逐渐改变控制器的比例度，直至系统产生等幅振荡（即临界振荡）。这时的比例度叫临界比例度 δ_K，周期为临界振荡周期 T_K。记下 δ_K 和 T_K 然后按表3-6中的经验公式计算出控制器的各参数整定数值。加入积分作用时，应先将比例度放在比计算值稍大的数值上，再加入积分；然后，如有微分作用，再设置微分时间。最后，将比例度减小到计算值上。如果整定后的过渡过程曲线不够理想，还可作适当调整。

表 3-6　　　　　　　　　　　　临界比例度法参数计算公式

控制作用	比例度/%	积分时间 T_I/min	微分时间 T_D/min
比例	$2\delta_K$	—	—
比例＋积分	$2.2\delta_K$	$0.85T_K$	—
比例＋微分	$1.8\delta_K$	—	$0.1T_K$
比例＋积分＋微分	$1.7\delta_K$	$0.5T_K$	$0.125T_K$

临界比例度法比较简单方便，容易掌握和判断，适用于一般的控制系统。但是对于临界比例度很小的系统不适用，对于工艺上不允许产生等幅振荡的系统亦不适用。

3.4.5.2　衰减曲线法

衰减曲线法是通过使系统产生衰减振荡来整定控制器的参数值的，具体做法如下：

在闭环的控制系统中，先将控制器变为纯比例作用，并将比例度预置在较大的数值上。在达到稳定后，用改变给定值的办法加入阶跃干扰，观察被控变量记录曲线的衰减比，然后从大到小改变比例度,直至出现 4∶1 衰减比为止,记下此时的比例度 δ_S(4∶1 衰减比例度),从曲线上得到衰减周期 T_f。然后根据表 3-7 中的经验公式,求出控制器的参数整定值。

表 3-7　　　　　　　　　　4∶1 衰减曲线法控制器参数计算公式

控制作用	比例度 δ/%	积分时间 T_I/min	微分时间 T_D/min
比例	δ_S	—	—
比例＋微分	$1.2\delta_S$	$0.5T_S$	—
比例＋积分＋微分	$0.8\delta_S$	$0.3T_S$	$0.1T_S$

采用衰减曲线法必须注意以下几点:

(1) 加的干扰幅值不能太大,要根据生产操作要求来定,一般为额定值的 5% 左右。

(2) 必须在工艺参数稳定情况下才能施加干扰,否则得不到正确的 δ_S、T_S 值。

(3) 对于反应快的系统,要在记录曲线上严格得到 4∶1 衰减曲线比较困难。一般以被控变量来回波动两次达到稳定,就可以近似地认为达到 4∶1 衰减过程了。

衰减曲线法比较简便,适用于一般情况下的各种参数的控制系统。但对于干扰频繁,记录曲线不规则,不断有小摆动的情况难于应用。

3.4.5.3　经验凑试法

经验凑试法是在长期的生产实践中总结出来的一种整定方法。它是根据经验先将控制器参数放在一个数值下,直接在闭环的控制系统中,通过改变给定值施加干扰,在记录仪上观察过渡过程曲线,运用比例度 δ、积分时间 T_I 和微分时间 T_D 对过渡过程的影响为指导,按照规定顺序,对比例度 δ、积分时间 T_I 和微分时间 T_D 逐个整定,直到获得满意的过渡过程为止。

各类控制系统中控制器参数的经验数据,列于表 3-8 中,供参考选择。

表 3-8　　　　　　　　　　　　控制参数经验数据

控制对象	对象特征	δ/%	T_I/min	T_D/min
流量	对象时间常数小,参数有波动,δ 要大,T_I 要短,不用微分	40～100	0.3～1	—
温度	对象容量滞后大,即参数受干扰后变化迟缓,δ 应小,T_I 要长,一般需加微分	20～60	3～10	0.5～3
压力	对象容量滞后一般,一般不加微分	30～70	0.4～3	—
液位	对象时间常数范围大,要求不高时,δ 可在一定范围内选取,一般不用微分	20～80	—	—

经验凑试法的特点是方法简单,适用于各种控制系统,因此应用非常广泛。特别是外界干扰作用频繁,记录曲线不规则的控制系统,采用此法最为合适。但是此法主要是靠经验,在缺乏实际经验或过渡过程本身较慢时,往往较为费时。

在一个自动控制系统投运时,控制器的参数必须整定,才能获得满意的控制质量。同时,在生产进行的过程中,如果工艺操作条件改变,或负荷有很大变化,被控对象的特性就要改变,因此,控制器的参数必须重新整定。由此可见,整定控制器参数是经常要做的工作,对工艺人员与仪表人员来说,都是需要掌握的。

3.4.6　复杂控制系统

随着科技的发展,新工艺、新设备的出现,生产过程的大型化和复杂化,必然导致对操作条件的要求更加严格、变量之间的关系更加复杂。同时,现代化生产往往对产品的质量提出更高的要求。这些问题的解决都是简单控制系统所不能胜任的,因此,相应地就出现了复杂控制系统。所谓复杂控制系统是指控制系统组成中不仅只有一个调节器、执行器、变送器或对象等构成的控制系统。

常见的复杂控制系统包括串级、比值、前馈、多冲量等控制系统。

1. 串级控制系统

串级控制系统是指由两个调节器、一个执行器、两个变送器和两个对象组成的控制系统。其最主要的特点是两个调节器控制一个执行器,适用于被控变量测量值的滞后较大,干扰比较剧烈、频繁的对象。

串级控制系统的特点

（1）在系统结构上,串级控制系统有两个闭合回路,主回路和副回路;有两个控制器,主控制器和副控制器;有两个测量变送器,分别测量主变量和副变量。

串级控制系统中,主、副控制器是串联工作的。主控制器的输出作为副控制器的给定值,系统通过副控制器的输出去操纵执行器动作,实现对主变量的定值控制。所以在单级控制系统中,主回路是个定值控制系统,而副回路是个随动控制系统。

（2）在串级控制系统中,有两个变量,主变量和副变量。

一般来说,主变量是反映产品质量或生产过程运行情况的主要工艺变量。控制系统设置的目的就在于稳定这一变量,使它等于工艺规定的给定值。所以,主变量的选择原则与简单控制系统中介绍的被控变量选择原则是一样的。

（3）在系统特性上,串级控制系统由于副回路的引入,改善了对象的特性,使控制过程加快,具有超前控制的作用,从而有效地克服滞后,提高了控制质量。

（4）串级控制系统由于增加了副回路,因此具有一定的自适应能力,可用于负荷和操作条件有较大变化的场合。

2. 比值控制系统

在化工、炼油及其他工业生产过程中,工艺上常需要将两种或两种以上的物料保持一定的比例关系,如比例一旦失调,将影响生产或造成事故。实现两个或两个以上参数符合一定比例关系的控制系统,称为比值控制系统。

3. 前馈控制系统

在反馈控制系统中,控制器是按照被控变量相对于给定值的偏差而进行工作的。控制作用影响被控变量。而被控变量的变化又返回来影响控制器的输入,使控制作用发生变化。不论什么干扰,只要引起被控变量变化,都可以进行控制,这是反馈控制的优点。然而,在这样的系统中,控制信号总是要在干扰已经造成影响,被控变量偏离给定值以后才能产生、控制作用总是不及时的。特别是在干扰频繁,对象有较大滞后时,使控制质量的提高受到很大的限制。前馈控制可以克服这一缺欠。通过测量干扰的变化并经控制器的控制作用直接克服干扰对被控变量的影响,即使被控变量不受干扰或少受干扰的影响的控制方式组成的控制系统称为前馈控制系统。

与反馈控制比较,前馈控制具有以下的特点。

(1) 前馈控制是基于不变性原理工作的,比反馈控制及时、有效。前馈控制是根据干扰的变化产生控制作用的,如果能使干扰作用对被控变量的影响与控制作用对被控变量的影响在大小上相等、方向上相反的话,就能完全克服干扰对被控变量的影响。

(2) 反馈控制系统是一个闭环控制系统,而前馈控制是一个"开环"控制系统,这也是它们两者的基本区别。

(3) 一般的反馈控制系统均采用通用类型的 PID 控制器,而前馈控制要采用专用前馈控制器(或前馈补偿装置)。对于不同的对象特性,前馈控制器的控制规律将是不同的。为了使干扰得到完全克服,干扰通过对象的干扰通道对被控变量的影响,应该与控制作用(也与干扰有关)通过控制通道对被控变量的影响大小相等、方向相反。所以,前馈控制器的控制规律取决于干扰通道的特性与控制通道的特性。对于不同的对象特性,就应该设计具有不同控制规律的控制器。

(4) 由于前馈控制作用是按干扰进行工作的,而且整个系统是开环的,因此根据一种干扰设置的前馈控制就只能克服这一干扰对被控变量的影响,而对于其他干扰,由于这个前馈控制器无法感受到,也就无能为力了。而反馈控制只用一个控制回路就可克服多个干扰,所以说,这一点也是前馈控制系统的一个弱点。

4. 多冲量控制系统

所谓多冲量控制系统,是指在控制系统中,有多个变量信号,经过一定的运算后,共同控制一台执行器,以使某个被控的工艺变量有较高的控制质量。冲量本身的含义应为作用时间短暂的不连续的量,多变量信号系统也不只是这种类型。一般从结构上来说,双冲量控制系统实际上是一个前馈——反馈控制系统,而三冲量控制系统在实质上是前馈——串级控制系统。

3.5 用于工业控制的组态软件

3.5.1 工业过程控制系统的发展

自 20 世纪 40 年代以来,自动化技术获得了惊人的发展,在工业生产和科学发展中起着关键的作用。

20 世纪 40 年代,多数工业生产过程处于手工操作状态,人们主要凭经验、用手工方式去控制生产过程。生产过程中的关键参数靠人工观察,生产过程中的操作也靠人工去执行,劳动生产率是很低的。

20 世纪 50 年代前后,一些工厂企业的生产过程实现了仪表化和局部自动化。此时,生产过程中的关键参数普遍采用基地式仪表和部分单元组合仪表(多数为气动仪表)等进行显示;进入 60 年代,随着工业生产和电子技术的不断发展,开始大量采用气动、电动单元组合仪表甚至组装仪表对关键参数进行指示,计算机控制系统开始应用于过程控制,实现直接数字控制和设定值控制等。

20 世纪 70 年代,随着计算机的开发、应用和普及,对全厂或整个工艺流程的集中控制成为可能。70 年代中期,集散控制系统(Distributed Control System,DCS)的开发问世受到工业控制界的一致青睐。集散控制系统是把自动化技术、计算机技术、通信技术、故障诊断技术、冗余技术和图形显示技术融为一体的装置,其组成示意图如图 3-13 所示。结构上的分散使系统危险分散,监视、操作与管理通过操作计算机实现了集中。

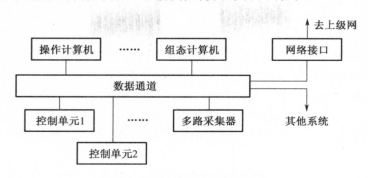

图 3-13　集散控制系统结构示意

组态软件是伴随着 DCS 的出现走进工业自动化应用领域的,并逐渐发展成为第三方独立的自动化应用软件,尤其是 WIndows 操作系统的广泛应用,有力地推动了基于个人计算机的组态软件的发展和普及。

目前,大量的工业过程控制系统采用上位计算机加可编程序控制器(SCADA—PLC)的方案以实现分散控制和集中管理。其中,安装了组态软件的上位计算机主要完成数据通信、网络管理、人机交互和数据处理的功能;数据的采集和设备的控制一般由 PLC 等完成。

3.5.2　组态软件的产生及发展

在组态软件出现之前,大部分用户是通过第三方软件(如 VB、VC、DELPHI、PB 甚至 C 等)编写人机交互界面(Human Machine Interface,HMI),这样做存在开发周期长、工作量大、维护困难、容易出错、扩展性差等缺点。

世界上第一款组态软件 InTouch 在 20 世纪 80 年代中期由美国的 Wonderware 公司开发。80 年代末,国外组态软件进入中国市场。90 年代中后期,国产组态软件在市面出现了。开始人们对组态软件处于不认识、不了解阶段,项目中没有组态软件的预算,或宁愿投入人力物力针对具体项目做长周期的繁冗的编程开发,也不采用组态软件。此外,早期进口的组态软件价格都偏高,客观上制约了组态软件的发展。

随着经济的发展,人们对组态软件的观念有了重大改变,逐渐认识到组态软件的重要性,组态软件的市场需求增加;一些组态软件的生产商加大了推广力度,价格也做出了一定的调整;再加上微软 Windows 操作系统的推出为组态软件提供了一个更方便的操作平台,组态软件在国内获得认可并开始广泛应用。现在,组态软件已经成为工业过程控制中必不可少的组成部分之一。

组态软件类似于"自动化应用软件生成器",根据其提供的各种软件模块可以积木式搭建人机监控界面,不仅提高了自动化系统的开发速度,也保证了自动化应用的成熟性和可靠性。

组态软件的主要特点表现为实时多任务、面向对象操作、在线组态配置、开放接口连接、功能丰富多样、操作方便灵活以及运行高效可靠等。数据采集和控制输出、数据处理和算法实现、图形显示和人机对话、数据储存和数据查询、数据通信和数据校正等任务在系统调度机制的管理下可有条不紊地进行。

3.5.3 组态软件的定义

组态软件是种面向工业自动化的通用数据采集和监控软件,即 SCADA (Supervisory Control And Data Acquisition)软件,亦称人机界面或 HMI/MMI (Human Machine Interface /Man Machine Interface)软件,在国内通常称为"组态软件"。

"组态(Configuration)"的含义是"配置"、"设定"、"设置"等,是指用户通过类似"搭积木"的方式完成自己所需要的软件功能,通常不需要编写计算机程序,即通过"组态"的方式就可以实现各种功能。有时也称此"组态"过程为"二次开发",组态软件就称为"二次开发平台"。

"监控(Supervisory Control)",即"监视和控制",指通过计算机对自动化设备或过程进行监视、控制和管理。组态软件能够实现对自动化过程的监视和控制,能从自动化过程中采集各种信息,并将信息以图形化等更易于理解的方式进行显示,将重要的信息以各种手段传送给相关人员,对信息执行必要的分析、处理和存储,发出控制指令等。

组态软件提供了丰富的用于工业自动化监控的功能,根据工程的需要进行选择、配置建立需要的监控系统。组态软件广泛应用于机械、钢铁、汽车、包装、矿山、水泥、造纸、水处理、环保监测、石油化工、电力、纺织、冶金、智能建筑、交通、食品、智能楼宇、实验室等领域。

组态软件既可以完成对小型自动化设备的集中监控,也能由互相联网的多台计算机完成复杂的大型分布式监控,还可以和工厂的管理信息系统有机整合起来,实现工厂的综合自动化和信息化。

3.5.4 组态软件的功能

作为通用的监控软件,所有的组态软件都能提供对工业自动化系统进行监视、控制、管理和集成等一系列的功能,同时也为用户实现这些功能的组态过程提供了丰富和易于使用的手段和工具。利用组态软件,可以完成的常见功能有:

(1)可以读写不同类型的 PLC、仪表、智能模块和板卡,采集工业现场的各种信号,从而对工业现场进行监视和控制。

(2)可以以图形和动画等直观形象的方式呈现工业现场信息,以方便对控制流程的监视,也可以直接对控制系统发出指令、设置参数干预工业现场的控制流程。

(3)可以将控制系统中的紧急工况(如报警等)通过软件界面、电子邮件、手机短信、即时消息软件、声音和计算机自动语音等多种手段及时通知给相关人员,使之及时掌控自动化系统的运行状况。

(4)可以对工业现场的数据进行逻辑运算和数字运算等处理,并将结果返回给控制系统。

(5)可以对从控制系统得到的以及自身产生的数据进行记录存储。在系统发生事故和故障的时候,利用记录的运行工况数据和历史数据,可以对系统故障原因等进行分析定位,责任追查等。通过对数据的质量统计分析,还可以提高自动化系统的运行效率,提升产品质量。

（6）可以将工程运行的状况、实时数据、历史数据、警告和外部数据库中的数据以及统计运算结果制作成报表，供运行和管理人员参考。

（7）可以提供多种手段让用户编写自己需要的特定功能，并与组态软件集成为一个整体运行。大部分组态软件提供通过 C 脚本、VBS 脚本等来完成此功能。

（8）可以为其他应用软件提供数据，也可以接收数据，从而将不同的系统关联整合在一起。

（9）多个组态软件之间可以互相联系，提供客户端和服务器架构，通过网络实现分布式监控，实现复杂的大系统监控。

（10）可以将控制系统中的实时信息送入管理信息系统，也可以反之，接收来自管理系统的管理数据，根据需要干预生产现场或过程。

（11）可以对工程的运行实现安全级别、用户级别的管理设置。

（12）可以开发面向国际市场的，能适应多种语言界面的监控系统，实现工程在不同语言之间的自由灵活切换，是机电自动化和系统工程服务走向国际市场的有利武器。

（13）可以通过因特网发布监控系统的数据，实现远程监控。

3.5.5　组态软件的特点与优势

组态软件是数据采集与过程控制的专用软件，是自动控制系统监控层一级的软件平台和开发环境，能以灵活多样的组态方式（而不是编程方式）提供良好的用户开发界面，其预设的各种软件模块可以非常容易地实现和完成监控层的各项功能，并能同时支持各种硬件厂家的计算机和 I/O 产品，与工控计算机和网络系统结合，可向控制层和管理层提供软、硬件的全部接口，进行系统集成。概括起来，组态软件有如下特点。

1. 功能强大

组态软件提供丰富的编辑和作图工具，提供大量的工业设备图符、仪表图符以及趋势图、历史曲线、组数据分析图等；提供十分友好的图形化用户界面（Graphics User Interface, GUI），包括一整套 Windows 风格的窗口、菜单、按钮、信息区、工具栏、滚动条等；画面丰富多彩，为设备的正常运行、操作人员的集中监控提供了极大的方便；具有强大的通信功能和良好的开放性，组态软件向下可以与数据采集硬件通信，向上可与管理网络互联。

2. 简单易学

使用组态软件不需要掌握太多的编程语言技术，甚至不需要编程技术，根据工程实际情况，利用其提供的底层设备（PLC、智能仪表、智能模块、板卡、变频器等）的 I/O 驱动、开放式的数据库和界面制作工具，就能完成一个具有动画效果、实时数据处理、历史数据和曲线并存、具有多媒体功能和网络功能的复杂工程。

3. 扩展性好

组态软件开发的应用程序，当现场条件（包括硬件设备、系统结构等）或用户需求发生改变时，不需要太多的修改就可以方便地完成软件的更新和升级。

4. 实时多任务

组态软件开发的项目中，数据采集与输出、数据处理与算法实现、图形显示及人机对话、实时数据的存储、检索管理、实时通信等多个任务可以在同一台计算机上同时运行。

组态控制技术是计算机控制技术发展的结果，采用组态控制技术的计算机控制系统最大的特点是从硬件到软件开发都具有组态性，因此极大地提高了系统的可靠性和开发速率，降低了开发难度，而且其可视化图形化的管理功能方便了生产管理与维护。

3.5.6　WinCC 概述

目前，世界上有不少专业厂商（包括专业软件公司和硬件/系统厂商）生产和提供各种组态软件产品，国内也有不少组态软件开发公司，故市面上的软件产品种类繁多，各有所长，需要根据实际工程需要加以选择。

国外的主要组态软件包括 InTouch、iFIX、Citect、WinCC、RSView32、TraceMode 等，国内组态软件主要有组态王 Kingview、力控 ForceControl、WebAccess 等，还有 MCGS、开物 Controx、易控、杰控 Fame View、世纪星以及紫金桥组态软件等。

本书中实验应用了基于 WinCC 开发的实验监控系统，因此对加以简要介绍。

1996 年，西门子公司推出了 HMI/SCADA 软件——视窗控制中心 SIMATIC WinCC（Windows Control Center），它是西门子在自动化领域中的先进技术与 Microsoft 相结合的产物，性能全面，技术先进，系统开放。WinCC 除了支持西门子的自动化系统外，可与 AB、Modicon、GE 等公司的系统连接。通过 OPC 方式，WinCC 还可以与更多的第三方控制器进行通信。目前，已推出 WinCC7.0 版本。考虑应用的普及性以及高版本软件兼容低版本，本书以 WinCC V6.0 ASIA 版本为例进行介绍。

WinCC V6.0 采用标准的 Microsoft SQL Server 2000（WinCC V6.0 以前版本来用 Sybase）数据库进行生产数据的归档，同时具有 Web 浏览器功能，管理人员在办公室就可以看到生产流程的动态画面，从而更好地调度指挥生产。

作为 SIMATIC 全集成自动化系统的重要组成部分，WinCC 确保与 SIMATIC S5、S7 和 505 系列的 PLC 连接的方便和通信的高效；WinCC 与 STEP 7 编程软件的紧密结合缩短了项目开发的周期。此外，WinCC 还有对 SIMATIC PLC 进行系统诊断的选项，给硬件维护提供了方便。

WinCC 集成了 SCADA、组态、脚本语言和 OPC 等先进技术，为用户提供了 Windows 操作系统环境下使用各种通用软件的功能，继承了西门子公司的全集成自动化（TIA）产品的技术先进和无缝集成的特点。

WinCC 运行于个人计算机环境，可以与多种自动化设备及控制软件集成，具有丰富的设置项目、可视窗口和菜单选项，使用方式灵活，功能齐全。用户在其友好的界面下进行组态、编程和数据管理，可形成所需的操作画面、监视画面、控制画面、报警画面、实时趋势曲线、历史趋势曲线和打印报表等。它为操作者提供了图文并茂、形象直观的操作环境，不仅缩短了软件设计周期，而且提高了工作效率。

3.5.6.1　WinCC 的体系结构

WinCC Explorer 类似于 Windows 中的资源管理器，它组合了控制系统所有必要的数据，以树形目录的形式分层排列存储。WinCC 分为基本系统、WinCC 选件和 WinCC 附件。

WinCC 基本系统包含以下部件。

1. 变量管理

变量管理器（Tag Management）管理着 WinCC 中所有使用的外部变量、内部变量和通信驱动程序等。WinCC 中与外部控制器没有过程链接的变量叫做内部变量,内部变量可以无限制使用。与外部控制器有过程链接的变量叫作过程变量,也称为外部变量。

2. 图形编辑器

图形编辑器(Graphics Designer)用于设计各种图形画面。

3. 报警记录

报警记录(Alarming Logging)用于采集和归档报警消息。

4. 变量记录

变量记录(Tag Logging)用于处理测量值的采集和归档。

5. 报表编辑器

报表编辑器(Report Designer)提供许多标准的报表,也可自行设计各种格式的报表,可以按照设定的时间进行打印工作。

6. 全局脚本

全局脚本(Global Script)是根据项目需要编写 ANSI-C 或 VBS 脚本代码。

7. 文本库

文本库(Text Library)编辑不同语言版本下的文本消息。

8. 用户管理器

用户管理器(User Administrator)用来分配、管理和监控用户对组态和运行系统的访问权限。

9. 交叉引用

交叉引用(Cross-reference)用于检索画面、函数、归档和信息中所使用的变量、函数、OLE 对象和 ActiveX 控件等。

3.5.6.2　WinCC 的选件和附件

WinCC 以开放式的组态接口为基础,开发了大量的 WinCC 选件(Options,也称选项,来自于西门子自动化与驱动集团)和 WinCC 附件(Add-ons,来自西门子内部和外部合作伙伴),主要包括以下部件。

(1) 服务器系统。服务器系统(Server)用来组态客户机/服务器系统。服务器与过程控制建立并存储过程数据,客户机显示过程画面。

(2) 冗余系统。冗余系统(Redundancy)即两台 WinCC 系统同时并行运行并互相监视对方状态,当一台出现故障时,另一台可接管整个系统的控制。

(3) Web 浏览器。Web 浏览器(Web Navigator)可通过 Internet/Intranet 使用 Internet 浏览器监控生产过程状况。

(4) 用户归档。用户归档(User Archive)给过程控制提供一整批数据,并将过程控制的技术数据联系存储在系统中。

(5) 开放式工具包。开放式工具包(ODK)提供了一套 API 函数,使应用程序可与 WinCC 系统的各部件进行通信。

(6) WinCC/Dat@Monitor。WinCC/Dat@Monitor 是通过网络显示和分析 WinCC 数据的一套工具。

(7) WinCC/ProAgent。WinCC/ProAgent 能准确、快速地诊断由 SIAMTIC S7 和 SIAMTIC WinCC 控制和监控的工厂和机器中的错误。

（8）WinCC/Connectivity Pack。WinCC/Connectivity Pack 包括 OPC HAD、OPC A&E 以及 OPC XML 服务器，用来访问 WinCC 归档系统中的历史数据。采用 WinCC OLE-DB 能直接访问 WinCC 存储在 Microsoft SQL Server 数据库内的归档数据。

（9）WinCC/Industrial DataBridge。WinCC/Industrial Databridge 工具软件利用标准接口将自动化控制系统连接到 IT 世界，并保证了双向的信息流。

（10）WinCC /IndustrialX。WinCC/IndustrialX 可以开发和组态用户自定义的 ActiveX 对象。

（11）SIMATIC WinBDE。SIMATIC WinBDE 能保证有效的机器数据管理（故障分析和机器特征数据），其使用范围既可以是单台机器，也可以是整套生产设施。

WinCC 不是孤立的软件系统，它时刻与自动化系统、自动化网络系统、MES 系统集成在一起，与相应的软硬件系统一起，能实现系统级的诊断功能。

WinCC 不仅是可以独立使用的 HMI/SCADA 系统，而且是西门子公司众多软件系统的重要组件，如 WinCC 是西门子公司 DCS 系统 PCS7 的人机界面核心组件，也是电力系统监控软件 PowerCC 和能源自动化系统 SICAM 的重要组成部分。

3.5.6.3　WinCC Web Navigator 功能概述

B/S 结构，即 Browser/Server（浏览器/服务器）结构，是随着 Internet 技术的兴起对 C/S 结构的一种变化或者改进的结构。在这种结构下，用户界面完全通过 WWW 浏览技术，结合浏览器的多种 Script 语言和 ActiveX 技术，是一种全新的软件系统构造技术。B/S 结构是建立在广域网基础上的。采用 B/S 结构，客户端只能完成浏览、查询和数据输入等简单功能，绝大部分工作由服务器承担，这使得服务器的负担很重。采用 C/S 结构时，客户端和服务器端都能够处理任务。这虽然对客户机的要求较高，但可以减轻服务器的压力。所以，采用 C/S 结构还是采用 B/S 结构，要视具体情况而定。

WinCC Web 功能是 WinCC 实现 B/S 结构的组件；用于 WinCC 6.0 基本系统的 Web Navigator 提供了通过 Internet/Intranet 监控工业过程的解决方案。Web Navigator 采用强大而最优的事件驱动方式作为数据传输的方式。

Web Navigator 可被称为"瘦客户"，也就是说可以通过打开的 IE 浏览器来控制监控运行的 WinCC 工程，而不需要在客户机上安装整个 WinCC 的基本系统。WinCC 的工程和相关的 WinCC 应用都位于服务器上。

通过 Internet 来控制和监控，安全性是必须考虑的问题。Web Navigator 支持所有目前已知的安全标准（银行和保险部门使用），包括用户名和密码登录、防火墙技术、安全 ID 卡、SSL 加密和 VPN 技术。

Web Navigator 包括安装在 Server 上的 Web Navigator Server 组件和可运行在 Internet 计算机上的 Web Navigator Client 组件。监控 WinCC Web Navigator Client 上的画面，就如同平常的 WinCC 系统一样，所以可以在地球的任何位置监控运行在 Server 上的工程。

这一功能对实验教学具有一定的意义。对于某些难以在实验现场完成全程监控的实验场合，可以由 Web Navigator 辅助在任何网络存在的地方对实验系统进行有效监控。

下篇

实验篇

第4章 流体与反应器实验

4.1 实验一 流动演示实验

4.1.1 实验目的

（1）观察各种边界条件下产生的旋涡现象,掌握旋涡产生的原因与条件。

（2）观察各种流动现象,加深理解局部阻力、绕流阻力、卡门涡街的发生机理

（3）通过对各种边界下旋涡大小的观察,分析比较局部损失的大小。

（4）结合工程实例,了解流体力学基本原理在工程实际中的应用。

4.1.2 实验装置

流动演示仪结构示意如图4-1所示。

4.1.3 实验原理

该仪器以气泡为示踪介质。狭缝流道中设有特定边界流场,用以显示内流、外流等多种流动图谱。显示板设计成多种不同形状边界的流道,因而该仪器能十分形象、鲜明地显示不同边界流场的迹线、边界层分离、尾流、旋涡等多种流动图谱(图4-2)。

1. A型流动演示仪

如图4-2(a)所示,用以显示多圆柱绕流、多矩形绕流等流段纵剖面上的流体混合、扩散、组合旋涡等流谱。多圆柱绕流被广泛用于热工传热系统的"冷凝

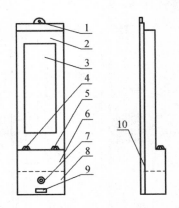

1—挂孔；2—彩色有机玻璃面罩；3—不同边界的流动显示面；
4—加水孔孔盖；5—掺气量调节阀；6—蓄水箱；
7—水泵开关；8—水泵及电气室；9—标牌；
10—铝合金框架后盖

图4-1 流动演示仪结构示意

器"及其他工业管道的热交换器等。流体流经圆柱时,边界层内的流体和柱体发生热交换,柱体后的旋涡则起混掺作用,然后流经下一柱体,再交换,混掺,换热、传质效果较佳。多矩形绕流应用于受大风侵袭的高层建筑群。建筑物周围也会出现复杂的风向和组合气旋。在水处理系统中,国内常见的用于混凝剂投加混合的管式静态混合器,以及一些使用于水力搅

拌混凝工艺的混凝反应池装置填料应用的就是这种圆柱或矩形扰流的流体混合、扩散和组合漩涡等流态。

2. B型流动演示仪

如图4-2(b)所示,用以显示单圆柱绕流流谱。在该流动演示仪上可以清楚地显示流体在驻点的停滞现象、边界层的分离状况、卡门涡街的产生与发展过程。

(1)驻点。观察流经圆柱前驻点处的小气泡,可以看出流动在驻点上明显停滞,可见驻点处的流速为零,在此处动能完全转换为压能。

(2)边界层分离。水流在驻点受阻后,被迫向两边流动,此时水流的流速逐渐增大,压强逐渐减小。当水流流经圆柱的轴线时,流速达到最大,压强达到最小;当水流继续向下游流动时,在靠近圆柱体尾部的边界上,水流开始与圆柱体分离,称为边界层的分离。边界层分离后,在分离区的下游形成回流区,称为尾涡区。尾涡区的长度和紊动强度与水流的雷诺数有关,雷诺数越大,紊动越强烈。

边界层分离常伴随着旋涡的产生,引起较大的能量损失,增加液流的阻力。边界层分离后还会产生局部低压,以至于有可能出现空化和空蚀破坏现象。因此,边界层分离是一个很重要的现象。

(3)卡门涡街。边界层分离以后,如果雷诺数增加到某一数值,就会不断交替地在两侧产生旋涡并流向下游,形成尾流中的两条涡列,一列中某一旋涡的中心恰好对着另外一列中两个旋涡之间的中点。后流中这样的两列旋涡称为涡街,也叫冯·卡门(Von Karman)涡街(简称卡门涡街)。旋涡的能量由于流体的黏性而逐渐消耗掉,因此在柱体后面流过一个相当长的距离以后,旋涡会逐渐衰减,最终消失。

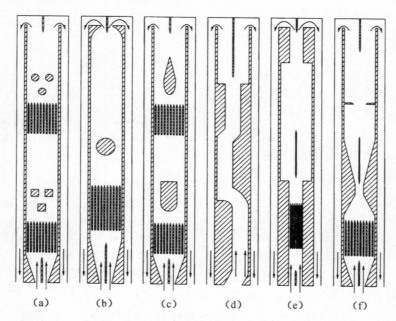

图4-2　流动演示仪显示面过流道示意

3. C型流动演示仪

如图4-2(c)所示,用以显示桥墩型柱体绕流、流线型柱体绕流等流段上的流动图谱。

桥墩型柱体绕流的绕流体为圆头方尾的钝形体。水流脱离桥墩后,在桥墩的后部形成尾流旋涡区,在尾流区两侧产生旋向相反且不断交替的旋涡,即卡门涡街。与 B 型圆柱绕流体不同的是,圆柱绕流体的涡街频率 f 在雷诺数 Re 不变时也不变,而非圆柱绕流体则不同,涡街的频率具有明显的随机性,即使 Re 不变,频率 f 也随机变化。

绕流体后的卡门涡街会引起绕流体的振动。绕流体的振动问题有可能引起建筑物的破坏。该问题是工程上极为关心的问题。解决绕流体振动问题的主要措施有:改变水流的速度,或者改变绕流体的自振频率,或者改变绕流体的结构形式,以破坏涡街的固定频率,避免共振。

流线型柱体绕流流动顺畅,形体阻力最小,无旋涡。

4. D 型流动演示仪

如图 4-2(d)所示,用以显示 30°弯头、直角圆弧弯头、直角弯头、45°弯头等流段纵剖面上的流动图谱。

由显示可见,在每一转弯的后面,都因为边界条件的改变而产生边界层的分离,从而产生旋涡。转弯角度不同,旋涡大小、形状各异,水头损失也不一样。在圆弧转弯段,由于受离心力的影响,凹面离心力较大,流线较顺畅,凸面流线脱离边壁形成回流。该流动还显示了局部水头损失叠加影响的图谱。从弯道水流观察分析可知,在急变流段测压管水头不按静水压强的规律分布,其原因是:①离心惯性力的作用;②流速分布不均匀(外侧大、内侧小,并产生回流)等。

5. F 型流动演示仪

如图 4-2(e)所示,用以显示突然扩大、突然收缩、壁面冲击、直角弯道等平面上的流动图谱,模拟串联管道纵剖面流谱。

在突然扩大段出现较大的旋涡区,而突然收缩段只在死角处和收缩断面后的进口附近出现较小的旋涡区。这表明突扩段比突缩段有更大的局部水头损失(缩扩的直径比大于 0.7 时例外),而且突缩段的水头损失主要发生在突缩断面后部。

由于本仪器突缩段较短,故其流谱亦可视为直角进口管嘴的流动图谱。在管嘴进口附近,流线明显收缩并有旋涡产生,致使有效过流断面减小,流速增大,从而在收缩面出现真空。

在直角弯道和壁面冲击段也有多处旋涡区出现。尤其在弯道流中流线弯曲更剧烈,且越靠近弯道内侧流速越小,在近内壁处出现明显的回流,所形成的回流范围较大。

6. F 型流动演示仪

如图 4-2(f)所示,用以显示文丘里流量计、孔板流量计及壁面冲击等串联流道纵剖面上的流动图谱,其中文丘里流量计亦可看作是逐渐扩大和逐渐缩小的流动图谱。由显示可见,文丘里流量计的过流顺畅,流线顺直,无边界层分离和旋涡产生。在孔板前,流线逐渐收缩,汇集于孔板的孔口处,只在拐角处有小旋涡出现,孔板后的水流逐渐扩散,并在主流区的周围形成较大的旋涡区。由此可知,孔板流量计的过流阻力较大,在逐渐扩散段可看到由边界层分离而形成的旋涡,且靠近上游喉颈处流速越大,涡旋的尺度越小,紊动强度越高;而在逐渐收缩段,无分离,流线均匀收缩,亦无旋涡。由此可知,逐渐扩散段局部水头损失大于逐渐收缩段。

4.1.4 实验步骤

（1）熟悉各型设备，接通电源。
（2）打开电源开关，调节调速开关，将进水量开大，观察旋涡的变化情况。
（3）观察各边界上分离点的位置变动及卡门涡街的变动情况。
（4）实验结束，关闭电源。

思 考 题

1. 旋涡区与水流能量损失有什么关系？
2. 在弯道等急变流段测压管水头不按静水压强规律分布的原因是什么？
3. 计算短管局部水头损失时，各单个局部水头损失之和为什么不一定等于管道的总局部水头损失？
4. 空化现象为什么常常发生在旋涡区中？

4.2 实验二 孔口与管嘴出流实验

4.2.1 实验目的

（1）掌握孔口与管嘴出流的流速系数、流量系数、收缩系数、局部阻力系数之间的关系以及其量测技能。
（2）通过对不同管嘴与孔口流量系数的测量分析，了解进口形状对出流能力的影响及相关水力要素对孔口出流能力的影响。

4.2.2 实验装置

孔口与管嘴出流实验装置如图 4-3 所示。

测压管（12）和标尺（11）用于测量水箱水位、孔口管嘴的位置高程及直角进口管嘴（2#）的真空度。防溅旋板（8）用于管嘴的转换操作，当某一管嘴实验结束时，将旋板（8）旋至进口截断水流，再用橡皮塞封口；当需开启时，先用旋板挡水，再打开橡皮塞，这样可防止水花四溅。移动触头（9）位于射流收缩断面上，可水平伸缩。当两个触块分别调节至射流两侧外缘时，将螺丝固定，然后用游标卡尺测量

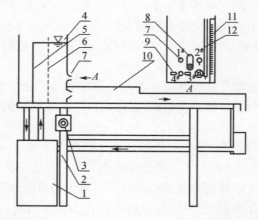

1—自循环供水器；2—实验台；3—可控硅无级调速器；4—恒压水箱；
5—溢流板；6—稳水孔板；7—孔口管嘴（1#喇叭进口管嘴、
2#直角进口管嘴、3#锥形管嘴、4#孔口）；8—防溅旋板；
9—测量孔口射流收缩直径移动触头；10—上回水槽；
11—标尺；12—测压管

图 4-3 孔口与管嘴出流实验装置

两触块的间距,即为射流收缩断面直径。

4.2.3　实验原理

在盛有液体的容器侧壁上开一小孔,液体质点在一定水头作用下,从各个方向流向孔口并以射流状态流出,由于水流惯性作用,在流经孔口后,断面发生收缩现象,在离孔口 1/2 直径的地方达到最小值,形成收缩断面。

若在孔口上装一段 $L = (3 \sim 4)d$ 的短管,此时水流的出流现象便为典型的管嘴出流。当液流经过管嘴时,在管嘴进口处,液流仍有收缩现象,使收缩断面的流速大于出口流速。因此管嘴收缩断面处的动水压强必小于大气压强,在管嘴内形成真空,其真空度约为 $h_v = 0.75\,H_0$,真空度的存在相当于提高了管嘴的作用水头。因此,管嘴的过水能力比相同尺寸和作用水头的孔口大 32%。

在恒定流条件下,应用能量方程可得孔口与管嘴自由出流方程:

流量:
$$Q = \varphi \varepsilon A \sqrt{2gH_0} = \mu A \sqrt{2gH_0} \qquad (4\text{-}1)$$

流量系数:
$$\mu = \frac{Q}{A\sqrt{2gH_0}} \qquad (4\text{-}2)$$

收缩系数:
$$\varepsilon = \frac{A_c}{A} = \frac{d_c^2}{d^2} \qquad (4\text{-}3)$$

流速系数:
$$\varphi = \frac{v_c}{\sqrt{2gH_0}} = \frac{\mu}{\varepsilon} = \frac{1}{\sqrt{1+\zeta}} \qquad (4\text{-}4)$$

局部阻力系数:
$$\zeta = \frac{1}{\varphi^2} - 1 \qquad (4\text{-}5)$$

4.2.4　实验要求

(1) 记录有关常数。

实验台号 No. _____

圆角管嘴 $d_1 =$ _____ $\times 10^{-2}$ m;出口高程读数 $z_1 = z_2 =$ _____ $\times 10^{-2}$ m;

直角管嘴 $d_2 =$ _____ $\times 10^{-2}$ m;出口高程读数 $z_3 = z_4 =$ _____ $\times 10^{-2}$ m;

圆锥管嘴 $d_3 =$ _____ $\times 10^{-2}$ m;孔口 $d_4 =$ _____ $\times 10^{-2}$ m。

注:基准面选在标尺的零点上。

(2) 实验数据记录及计算结果见表 4-1。

(3) 测量计算孔口与管嘴出流的流速系数、流量系数、收缩系数、局部阻力系数及直角进口管嘴的局部真空度,分别与经验值比较并分析引起差别的原因。

4.2.5　实验步骤

(1) 记录实验常数,将各孔口管嘴用橡皮塞塞紧。

(2) 打开调速器开关,使恒压水箱充水至溢流后,再打开圆角管嘴①。待水面稳定后,测记水箱水面高程标尺读数 H_1，测定流量 Q（要求重复测量 3 次，时间尽量长些，以求准确）。测量完毕，先旋转水箱内的旋板，将管嘴①进口盖好，再塞紧橡皮塞。

（3）依照上述方法，打开管嘴②，测记水箱水面高程标尺读数 H_1 及流量 Q，观察和量测直角管嘴出流时的真空情况。

（4）依次打开圆锥管嘴③，测定 H_1 及 Q。

（5）打开孔口④，观察孔口出流现象，测定 H_1 及 Q，并按注意事项 2 的方法测记孔口收缩断面的直径（重复测量 3 次）。然后改变孔口出流的作用水头（可减少进口流量），观察孔口收缩断面直径随水头变化的情况。

（6）关闭调速器开关，清理实验台及场地。

表 4-1   孔口管嘴出流实验数据记录

分类 项目	圆角管嘴			直角管嘴			圆锥管嘴			孔口		
水面读数 $H_1/(10^{-2}$ m$)$												
体积 $V/(10^{-6}$ m$^3)$												
时间 t/s												
流量 $Q/(10^{-6}$ m$^3 \cdot$ s$^{-1})$												
平均流量 $Q_a/(10^{-6}$ m$^3 \cdot$ s$^{-1})$												
作用水头 $H_0/(10^{-2}$ m$)$												
面积 $A/(10^{-4}$ m$^2)$												
流量系数 μ												
测管负压读数 $H_1/(10^{-2}$ m$)$												
负压 $h_v/(10^{-2}$ m$)$												
收缩直径 $d_c/(10^{-2}$ m$)$												
收缩断面 $A_c/(10^{-4}$ m$^2)$												
收缩系数 ε												
流速系数 φ												
阻力系数 ζ												
水流形态												

4.2.6 注意事项

（1）实验次序为先管嘴后孔口。每次塞橡皮塞前，先用旋板将进口盖上，以免水花溅开。

（2）可用孔口两边的移动触头量测收缩断面直径。首先松动螺丝，先移动一边触头将其与水流切向接触，并旋紧螺丝，然后移动另一边触头，使之切向接触，并旋紧螺丝，再将旋板开关沿顺时针方向关上孔口，用卡尺测量触头间距，即为射流直径。实验时将旋板置于不工作的孔口（或管嘴）上，尽量减少旋板对工作孔口、管嘴的干扰。

(3) 进行以上实验时,注意观察各出流的水流形态,并做好记录。

思 考 题

1. 薄壁小孔口与大孔口有什么异同?

2. 为什么在等作用水头、等直径条件下,直角进口管嘴的流量系数比孔口的大,而锥形管嘴的比直角进口管嘴的大?

3. 将孔口或管嘴更换为不同类型的短管管系,其出流量是增加还是减少? 试分析其原因。

课 外 拓 展

通过对不同管嘴与孔口流量系数的测量分析,试进行不同类型短管管系流量系数测定的实验方案设计。

4.3 实验三 流体流动阻力系数测定实验

4.3.1 实验目的

(1) 掌握流体流经直管和管阀件时阻力损失的测定方法,通过实验了解流体流动中能量损失的变化规律;

(2) 测定直管摩擦系数 λ 与雷诺准数 Re 的关系,将所得的 $\lambda - Re$ 方程与公认经验关系比较;

(3) 测定流体流经闸阀等管件时的局部阻力系数 ξ;

(4) 学会压差计和流量计的使用方法;

(5) 观察组成管路的各种管件、阀件,并了解其作用。

4.3.2 实验任务

(1) 测定流体流经光滑直管和粗糙直管时摩擦系数 $\lambda - Re$ 的关系;

(2) 测定流体流经阀门(闸阀)全开时的局部阻力系数 ξ。

4.3.3 基本原理

流体在管内流动时,由于黏性剪应力和涡流的存在,不可避免地要消耗一定的机械能,这种机械能的消耗包括流体流经直管的沿程阻力和因流体运动方向改变所引起的局部阻力。

1. 沿程阻力

流体在水平均匀的管道中稳定流动时,阻力损失表现为压力降低。即

$$h_f = \frac{P_1 - P_2}{\rho} = \frac{\Delta p}{\rho} \tag{4-6}$$

$$\frac{h_f}{g} = \frac{P_1 - P_2}{g\rho} = \frac{\Delta p}{g\rho} = \Delta R \qquad (4-7)$$

或

影响阻力损失的因素很多，尤其对湍流流体，目前尚不能完全用理论方法求解，必须通过实验研究其规律。为了减少实验工作量，使实验结果具有普遍意义，必须采用因次分析法将各变量综合成准数关联式。根据因次分析法，影响阻力损失的因素有：

(1) 流体性质：密度 ρ，黏度 μ；

(2) 管路的几何尺寸：管径 d，管长 l，管壁粗糙度 ε；

(3) 流动条件：流速 u。

可表示为

$$\Delta p = f(d, l, \mu, \rho, u, \varepsilon) \qquad (4-8)$$

组合成如下的无因次式：

$$\frac{\Delta p}{\rho u^2} = \varphi\left(\frac{du\rho}{\mu}, \frac{l}{d}, \frac{\varepsilon}{d}\right) \qquad (4-9)$$

$$\frac{\Delta p}{\rho} = \varphi\left(\frac{du\rho}{\mu}, \frac{\varepsilon}{d}\right) \cdot \frac{l}{d} \cdot \frac{u^2}{2} \qquad (4-10)$$

令

$$\lambda = \varphi\left(\frac{du\rho}{\mu} \cdot \frac{\varepsilon}{d}\right) \qquad (4-11)$$

则

$$h_f = \frac{\Delta p}{\rho} = \lambda \frac{l}{d} \frac{u^2}{2} \qquad (4-12)$$

式中　ΔP——压降(Pa)；

h_f——直管阻力损失(J/kg)；

ρ——流体密度(kg/m)；

l——直管长度(m)；

d——直管内径(m)；

u——流体流速，由实验测定(m/s)；

λ——直管摩擦系数：滞流(层流)时，$\lambda = 64/Re$；湍流时 λ 是雷诺准数 Re 和相对粗糙度的函数，须由实验确定。

2. 局部阻力

湍流时 A 是雷诺准数 Re 和局部阻力通常有两种表示方法，即当量长度法和阻力系数法。

(1) 当量长度法。流体流过某管件或阀门时，因局部阻力造成的损失，相当于流体流过与其具有相当管径长度的直管阻力损失，这个直管长度称为当量长度，用符号 l_e 表示。这样，就可以用直管阻力的公式来计算局部阻力损失，而且在管路计算时可将管路中的直管长度与管件、阀门的当量长度合并在一起计算，如管路中直管长度为各种局部阻力的当量长度之和为 $\sum l_e$，则流体在管路中流动时的总阻力损失 $\sum h_f$ 为

$$\sum h_f = \lambda \frac{l + \sum l_e}{d} \frac{u^2}{2} \qquad (4-13)$$

(2) 阻力系数法。流体通过某一管件或阀门时的阻力损失用流体在管路的动能系数来

表示,这种计算局部阻力的方法称为阻力系数法。即

$$h'_{\mathrm{f}} = \xi \frac{u^2}{2} \tag{4-14}$$

式中　ξ——局部阻力系数,无因次;

　　　u——在小截面管中流体的平均流速(m/s)。

由于管件两侧距测压孔间的直管长度很短,引起的摩擦阻力与局部阻力相比可以忽略不计,因此 h_{f} 之值可根据伯努利方程由压差计读数求取。

4.3.4　实验装置与流程

1. 管道阻力实验装置和流程

管道阻力实验装置和流程如图 4-4。实验装置主要部分由储水箱,不同管径材质的管子、各种阀门或管件、涡轮流量计、压差计等组成。第一根为不锈钢管,其上装有待测管件(闸阀),用于局部阻力的测定。第二根为不锈钢管,第三根为镀锌铁管,分别用于光滑管和粗糙管湍流流体流动阻力的测定。

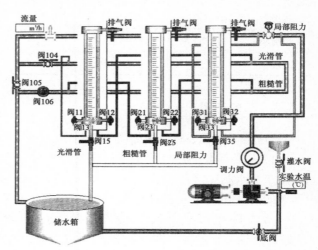

图 4-4　管道阻力实验装置图

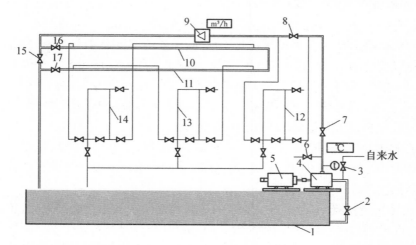

1—贮水箱;2—进口阀;3—灌水阀;4—离心泵;5—电机;6—排气阀;7—出口阀;8—闸阀;9—涡轮流量计;10—光滑管;11—粗糙管;12,13,14—倒 U 型管压差计(简称倒 U 型压差计);15—球阀;16—截止阀;17—流量调节阀

图 4-5　管道阻力实验装置示意

本实验的介质为水,由储水箱经离心泵供给,流经实验装置后的水通过管道流回储水箱循环使用。

水流量用装在测试装置管的涡轮流量计测量,并在控制台上的仪表上读数。直管段和

管件的阻力分别用各自的倒 U 形压差计测量。

2. 实验装置的结构尺寸

实验装置的结构尺寸如表 4-2 所示。

表 4-2　　　　　　　　　　　　　实验装置结构尺寸

名称	材质	管内径/mm				测试段长度/m
		装置(1)	装置(2)	装置(3)	装置(4)	
光滑管	不锈钢管	26.94	27.40	28.00	28.05	1.5
粗糙管	镀锌铁管	28.22	27.97	28.14	28.00	1.5
局部阻力	闸阀	41.84	41.84	41.84	41.85	—

4.3.5　实验步骤

管道阻力实验装置简图如图 4-5 所示。

(1) 先关闭泵的进口阀 2 和出口阀 7,然后全开排气阀 6,打开阀 3 对水泵进行灌水(注意:由于灌水阀连接自来水,此阀只能部分打开,不能全开以免损坏压力变送器)。灌水完成后,关闭阀 3 和阀 6,然后启动水泵,之后打开泵的进水阀 2,再把泵的出口阀 7 开到最大。

(2) 关闭阀 15,打开阀 16,缓缓打开阀 17,开始管道的气体排气工作,然后关闭阀 17,做好倒 U 形压差计的排气准备工作。

(3) 倒 U 形压差计的排气和调零操作先打开阀 1、阀 2,关闭阀 3,打开阀 4 使玻璃管内充满水并排净空气。之后关闭阀 1、阀 2,打开阀 5 和阀 3,把玻璃管内的水排净。然后关闭阀 4、阀 5,打开阀 1、阀 2,让水进入玻璃管至平衡水位(此时系统中的出水阀门 17 是关闭的,管路中的水在静止时 U 形中的水位是平衡的)。若倒 U 形压差计的液位不平衡,则重复上述操作,直至两根玻璃管的液位高度平衡为止。当 3 支倒 U 形压差计排气和调零工作完成后(此时 3 支倒 U 形压差计玻璃管的液位高度基本一致),关闭平衡阀门 3。

(4) 完成上述工作后即可开始实验。只要调节流量调节阀 17 就可得到一系列 λ-Re 的实验点数据,通过实验数据处理,可绘出 λ-Re 曲线。

(5) 缓缓打开出水阀门 17,调节好一个流量,待水稳定后,正确测取压差计和流量等有关参数。然后再通过控制阀门 17 改变不同流量,正确读取不同流量下的压差计的进出口压力和流量等有关参数,并做好记录。

(6) 根据本装置特点,应考虑好实验点的分布和测量次数。实验结束后,关闭离心泵阀门、仪表开关和电源,并将装置中的水排放干净,关闭所有的阀门。

(7) 整理好实验数据对实验数据进行处理.确定实验结果是否正确。

4.3.6　注意事项

与本实验无关的阀门、仪表不得乱动。

4.3.7　实验记录和数据结果

设备编号:_____;光滑管径:_____;管长:_____;粗糙管径:_____;管

长：_____；平均水温：_____。

表 4-3　　　　　　　　　管道阻力测定实验数据记录

序号	光滑管/mmH$_2$O			粗糙管/mmH$_2$O			闸阀/mmH$_2$O			流量/(m^3·h^{-1})	水温/(℃)
	进口	出口	差值	进口	出口	差值	进口	出口	差值		

表 4-4　　　　　　　　　管道阻力曲线测定数据

序号	光滑管						粗糙管						闸阀	
	Q/(m^3·h^{-1})	Δh/m	ρ	μ	λ	Re	Q/(m^3·h^{-1})	Δh/m	ρ	μ	λ	Re	Δh/m	ξ

4.3.8　实验报告

（1）根据光滑管和粗糙管实验数据结果，在双对数坐标纸上标绘出 λ-Re 曲线；

（2）根据光滑管实验结果、对照柏拉修斯方程，计算其误差；

（3）根据局部阻力实验结果，求出闸阀全开时的平均 ξ 值；

（4）对实验结果进行分析和讨论。

思　考　题

1. 对实验装置做排气工作时，是否一定要关闭流程尾部的流量调节阀 17？为什么？

2. 如何检验系统内的空气是否已经被排除干净？

3. 以水做介质所测得的 $\lambda-Re$ 关系能否适用于其他流体? 如何应用?

4. 在不同设备(包括不同管径)、不同水温下测定的 $\lambda-Re$ 数据能否关联在同一条曲线上?

5. 如果测压口、孔边缘有毛刺或安装不垂直,对静压的测量有何影响?

4.4 实验四 固体流态化实验

通过流体的流动使其中的固体颗粒处于流态化状态的装置在化工、环保等领域被广泛地使用。在水处理工艺中,一些利用悬浮填料作为微生物载体的生化处理工艺、快滤池和曝气生物滤池的反冲洗过程、深度处理工艺应用固体颗粒催化剂的氧化过程等都是利用固体的流态化状态。通过本实验可以深入了解固体流态化装置的结构、原理以及一些基本的流体力学参数。

4.4.1 固体流态化演示实验

4.4.1.1 实验目的

(1) 了解固体流态化装置的基本结构和原理,观察聚式和散式流态化的实验现象。

(2) 学会流体通过颗粒层时流动特性的测量方法。

(3) 测定临界流化速度,并做出流态化曲线图。

4.4.1.2 实验原理

固体流态化是一种使大量固体颗粒悬浮于流动的流体中而呈现类似于液体沸腾状态的操作。借助于固体的流态化来实现某种处理过程的技术,称为流态化技术。设备中填充的固体颗粒群所占据的堆积空间称为床层,通过固体床层的流体称为流态化介质。

近年来,流态化技术发展很快,许多工业部门在处理粉粒状物料的输送、混合、涂层、换热、干燥、吸附、燃烧和气-固反应(多为催化反应)等过程中,都广泛应用了流态化技术。

1. 固体流态化过程的基本概念

当流体自下而上地流过颗粒层时,根据流速的不同会出现三种不同的阶段:固定床阶段、流化床阶段和颗粒输送阶段,如图4-6所示。

（a）固定床　　　　（b）流化床　　　　（c）颗粒输送

图4-6 固体流态化过程的三个阶段

(1) 固定床阶段。如果流体通过颗粒床层的表现进度(即空床速度) u 较小,使颗粒空隙中流体的真实速度 u_1 小于颗粒的沉降速度 u_t,则颗粒基本上保持静止不动,该颗粒层称为固定床,此时床层高度为静床高度 L_0,如图4-6(a)所示。

（2）流化床阶段。当流体的表观速度 u 增大到某一数值时，其真实速度 u_1 大于某些颗粒的沉降速度 u_t，此时床层内较小的颗粒将松动或浮动，颗粒层高度也明显增大，但颗粒仍不能自由运动，这时床层处于起始流态化或临界流化状态、此时床层高度为临界床高 L_{mf}，对应的 $u = u_{mf}$，称为起始流化速度或临界流化速度；继续增大流速则床层高度 L 随之升高。但随着床层的膨胀，床内空隙率 ε 也增大，而 $u_1 = u/\varepsilon$，所以流体的真实速度 u_1 随后又下降，直至 $u_1 = u_t$ 为止。也就是说，在一定的表观速度下，颗粒床层膨胀到一定程度后将不再膨胀，这时颗粒悬浮于流体中并形成明显的床层上界面，与沸腾水的表面相似，这种床层称为流化床，如图 4-6（b）所示。

因流化床的空隙率随流体表观速度增大而增大，故能够维持流态化状态的表观速度 u 可有一个较宽的范围，床层高度 L 也有一个较宽的范围。实际流态化操作的流体的表观速度 u 原则上既要大于起始流态化速度 u_{mf}，又要小于带出速度（恰好可把颗粒带走的流体速度称为带出速度，即沉降速度 u_t）。通常 u_{mf} 和 u_t 均由实验测定。

（3）颗粒输送阶段。如果继续提高流体的表观速度 u，使其真实速度 u_1 大于颗粒的沉降速度 u_t，则颗粒将被流体带走，此时床层上界面消失，这种状态称为颗粒输送，也称稀相输送、气力输送或液力输送，如图 4-6（c）所示。

2. 固体流态化的分类

固体流态化按其性状的不同，可分成聚式流态化和散式流态化两类，其根本区别在于流体和固体两相密度差的大小，而不在于气-固体系还是液-固体系。

散式流态化一般发生在两相密度差较小的液-固体系。此种床层从开始膨胀直到液力输送，床内颗粒的扰动程度是平缓地变大的，床层上界面较清晰，两相混合均匀，故也称均匀流化。通常，两相密度差小的体系趋向于散式流态化。

聚式流态化一般发生在两相密度差较大的气-固体系。从临界流化开始，床层的波动逐渐加剧，但其膨胀程度不大。因气体与固体的密度差很大，气流要将固体颗粒悬浮起来较困难，所以只有小部分气体在颗粒间通过，大部分气体则汇成气泡穿过床层；而气泡穿过床层上升过程中逐渐长大和相互合并，到达床层顶部则破裂而将该处的颗粒溅散，使得床层上界面起伏不定，造成床层波动。床层内的颗粒则很难均匀散开各自运动，而多是聚结成团地运动，成团地被气泡托起或挤开。若设计或操作不当，就会产生聚式流化床的两种不正常现象。聚式流态化示意如图 4-7 所示。

（1）腾涌现象。当床层高度与直径的比值过大，气速过高时，就容易产生气泡的相互聚合而形成大气泡，在气泡直径长大到与床径相等时，就将床层分成几段，床内物料以活塞推进的方式向上运动，在达到一定高度后气泡破裂，部分颗粒又重新回落，这种现象称为腾涌（节涌）。腾涌严重地降低床层的稳定性，床层压降剧烈波动，使气固之间的接触状况恶化，加剧颗粒的磨损与带出，并使床体发生震动，严重时会损坏内部构件。

（2）沟流现象。在大直径床层中，由于颗粒堆积不匀或气体初始分布不良，可在床内形成局部沟流（短路）。此时，大量气体经局部通道上升，而床层的其余部分仍处于固定床阶段而成为"死床"，此时床层压降明显减小。显然，当发生沟流现象时，流体不能与全部颗粒良好接触，导致工艺过程严重恶化。

3. 流化床压降与流速的关系

床层一旦流态化，全部颗粒处于悬浮状态。现取床层为控制体，并忽略流体与容器壁面

间的摩擦力,对控制体作力的衡算,则

$$\Delta p A = m_s g + m_l g \tag{4-15}$$

式中　Δp——床层进出口的压差(Pa),可由 U 型管压差计计算公式求得;

　　　　A——空床截面积(m^2);

　　　　m_s——床层颗粒的总质量(kg);

　　　　m_l——床层内流体的质量(kg)。而

$$m_l = \left(AL - \frac{m_s}{\rho_s} \right) \rho \tag{4-16}$$

式中　L——床层高度(m);

　　　　ρ——流体密度(kg/m^3);

　　　　ρ_s——固体颗粒的密度(kg/m^3)。

将式(4-16)代入式(4-15),并引用广义压差 $\Delta \Gamma$ 的概念,整理得

$$\Delta \Gamma = \Delta p - L \rho g = \frac{m_s}{A \rho_s} (\rho_s - \rho) g \tag{4-17}$$

由于流化床中颗粒总质量保持不变,故广义压差 $\Delta \Gamma$ 恒定不变,与流体速度无关,在图 4-8中呈一水平线,如 BC 段所示。注意,图中 BC 段末端略向上倾斜是由流体与器壁及分布板间的摩擦阻力随流速增大而增大造成的。由流体的机械能衡算方程可证明,$\Delta \Gamma$ 在数值上等于流体通过床层的阻力损失。

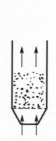

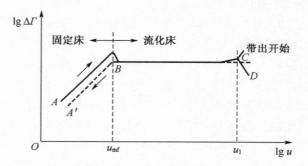

图 4-7　聚式流态化示意　　　　图 4-8　流化床广义压差与气速关系

图中 AB 段为固定床阶段,由于流体在此阶段流速较低,通常处于层流状态,广义压差与表观速度的一次方成正比,因此在双对数坐标系中该段为斜率等于 1 的直线。图中 A'B 段表示从流化床恢复到固定床时的广义压差变化关系,由于颗粒由上升流体中落下所形成的床层较人工装填的疏松一些,因而广义压差也小一些,故 A'B 线段处在 AB 线段的下方。

图中 CD 段向下倾斜,表示此时由于某些颗粒开始被上升流体带走,床内颗粒量减少,平阶颗粒重力所需的压力自然不断下降,直至颗粒全部被带走。

根据流化床恒定压差的特点,在流化床操作时可通过测量床层广义压差来判断床层流态化的优劣。若床内出现腾涌,广义压差将有大幅度的波动;若床内发生沟流,则广义压差较正常时明显低些。

4.4.1.3 实验装置、流程与参数

1. 实验装置

本实验装置由液-固体系组成,其装置流程如图4-9所示。体系中有透明二维床,床底部为多孔板分布器,床内的固体颗粒为石英砂。

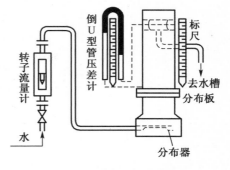

图4-9　固体流态化装置

2. 实验流程

在水-石英砂实验体系中,由泵输送的水经流量调节阀、转子流量计、液体分布器送至分布板,流经床层后从床体顶部经溢流管返回低位水槽循环使用。

4.4.1.4 实验内容、步骤及注意事项

(1)检查装置中各个开关及仪表是否处于正常备用状态。

(2)用手轻敲床层,使固体颗粒填充较紧密,然后测定静床高度,记录。

(3)启动水泵,从最小流量开始,由小到大改变进水量至流量最大为止(注意,不要把床层内的固体颗粒带出!),每改变一次流量,待稳定后(3~5 min),记录流量计读数、压差计读数、床层高度、流体温度数值;同时观察床层高度变化及固定床阶段、临界流化状态、流化床阶段的流化现象。

(4)由大到小改变水的流量,重复步骤(3),操作要平稳细致。

(5)关闭电源,测量静床高度,比较始末静床高度的变化。

(6)实验中需注意,在临界流化点之前至少应有5组数据,在临界流化点附近宜多测几组数据。

4.4.1.5 实验报告要点

(1)参考表格示例,完成实验记录和数据处理表(表4-5),并以一组数据为例详列计算过程。

(2)在双对数坐标纸上绘出散式流化床的 $\Delta p\text{-}u$ 曲线,并标出临界流化速度(注意每张图上应有2条曲线)。

(3)对实验中观察到的现象,运用气流体与颗粒运动的规律加以解释。

表4-5　　　　　　　　　　散式流化床实验记录及数据处理

学号:_____,姓名:_____,同组:_____,　　　　实验装置编号:_____

室温:_____℃,$L_{0始}$:_____m,$L_{0末}$:_____m,u_{mf}:_____m/s,实验日期:____年____月____日

序号	床层高度 /m	流量计读数 /(m³·h⁻¹)	U型管压差计读数 /mmH₂O			空气温度 /℃	空气密度 /(kg·m⁻³)	压差 /Pa	广义压差 /Pa	表观流速 /(m·s⁻¹)

<h1 style="text-align:center">思 考 题</h1>

1. 实际流态化时，由压差计测得的广义压差为什么会波动？

2. 由小到大改变流量与由大到小改变流量测定的流态化曲线是否重合？为什么？

3. 流化床底部流体分布器和分布板的作用是什么？

4. 液—固流化床的主要用途是什么（至少答 3 项）？

4.4.2 固体流态化实验

4.4.2.1 实验目的

(1) 观察散式流态化现象。

(2) 掌握流体通过颗粒床层时流动特性的测量方法。

(3) 测定床层的欧根系数 K_1、K_2。

(4) 测定流态化曲线（Δp-u 曲线）和临界流化速度 u_{mf}。

4.4.2.2 实验原理

1. 固体流态化过程的基本概念

床层高度 L、床层压降 Δp 与流化床表观流速 u 的变化关系如图 4-10 所示。图中 b 点是固定床与流化床的分界点，也称临界点，这时的宏观流速称为临界流速（最小流态化速度、起始流态化速度），以 u_{mf} 表示。

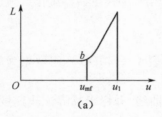
(a)

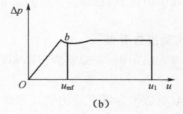
(b)

图 4-10 流化床的床层高度 L、床层压降 Δp 与流化床表观速度 u 的变化关系

2. 床层的静态特性

床层的静态特性是研究动态特征和规律的基础，其主要特征（如密度和床层空隙率）的定义和测法如下。

(1) 堆积密度（静床密度）ρ_b（kg/m³）。

$$\rho_b = \frac{m}{V} \tag{4-18}$$

式中 m——床层中颗粒质量（kg）；

           V——床层体积（m³）。

堆积密度可由床层中的颗粒质量和体积算出，它与床层的堆积松紧程度有关，要求测算出最松散和最紧密两种极限状况下的数值。

(2) 静床空隙率 ε，量纲为 1。

$$\varepsilon = 1 - \frac{V_s}{V} = 1 - \frac{\rho_b}{\rho_s} \tag{4-19}$$

式中　ρ_s——颗粒的真实密度(kg/m^3)；

　　　ρ_b——颗粒的堆积密度(亦称床层密度)(kg/m^3)；

　　　V_s——颗粒的真实体积(m^3)。

3. 床层的动态特征和规律

(1) 固定床阶段。在固定床阶段,床高基本保持不变,但接近临界点时有所膨胀。床层压降可用欧根(Ergun)公式表示,即

$$\frac{\Delta p}{L} = K_1 \frac{(1-\varepsilon)^2}{\varepsilon^3} \cdot \frac{\mu u}{(\varphi_s d_p)^2} + K_2 \frac{1-\varepsilon}{\varepsilon^3} \cdot \frac{\rho u^2}{\varphi_s d_p} \tag{4-20}$$

式中　Δp——床层进出口压差(Pa)；

　　　L——床层高度(m)；

　　　μ——流体的黏度(Pa·s)；

　　　u——流体的表观流速(m/s)；

　　　φ——颗粒的球形度,量纲为1；

　　　d_p——颗粒平均直径(m)；

　　　ρ——流体的密度(kg/m^3)。

式中等号右边第一项为黏性阻力,第二项为空隙收缩放大而导致的局部阻力。欧根采用的系数 $K_1 = 150$, $K_2 = 1.75$, 公式适用于床层雷诺数 Re_b 在 $0.17 \sim 330$ 之间。当雷诺数较小时,流动基本为层流,式中第二项可忽略；当雷诺数较大时,流动为湍流,式中右边第一项可忽略。

数据处理时,要求根据所测数据确定 K_1、K_2 值,并和欧根系数比较,将欧根公式改成为

$$\frac{\Delta p}{uL} = K_1 \frac{(1-\varepsilon)^2}{\varepsilon^3} \frac{\mu}{(\varphi_s d_p)^2} + K_2 \frac{1-\varepsilon}{\varepsilon^3} \frac{\rho u^2}{\varphi_s d_p} \tag{4-21}$$

以 $\frac{\Delta p}{uL}$、u 分别为纵、横坐标作图,从而求得 K_1、K_2。

(2) 流化床阶段

流化床阶段的压降可由下式表示：

$$\Delta p = L(1-\varepsilon)(\rho_s - \rho)g = W/A \tag{4-22}$$

式中　W——床层中颗粒所受的净重力(N)；

　　　A——床层空塔截面积(m^2)。

数据处理时要求将计算值绘在曲线图上对比讨论。

(3) 临界流化速度 u_{mf}

u_{mf} 可通过实验测定,目前有许多计算 u_{mf} 的经验公式。当颗粒雷诺数 $Re_p < 5$ 时,可用李

伐公式计算，即

$$u_{mf} = 0.009\,23\,\frac{d_p^{1.82}\,[\rho(\rho_s - \rho)]^{0.94}}{\mu^{0.88}\rho} \tag{4-23}$$

4.4.2.3 实验装置、流程与参数

1. 实验流程

该实验设备其流程如图 4-9 所示。每个系统有透明二维床，床底部设有水流分布板，由玻璃（或铜）颗粒烧结而成，床层内的固体颗粒是石英砂。此外设有温度计、流量调节阀、转子流量计、标尺等仪表附件。

2. 主要设备及仪表参数

颗粒特性及设备参数列于表 4-6 中。

表 4-6   装置的颗粒特性及设备参数表

空床截面积 A/mm^2	平均粒径/mm	颗粒总质量 m_s/g	球形度 φ_s	颗粒密度 $\rho_s/(\text{kg} \cdot \text{m}^{-3})$
70×70	0.70	1 000	1.0	2 490

4.4.2.4 实验内容、步骤及注意事项

1. 实验内容

用泵输送的水经流量调节阀、转子流量计，再经液体分布器送至分布板，水经二维床层后从床层上部溢流至下水槽。

2. 实验步骤

(1) 熟悉实验装置流程。

(2) 检查装置中各个开关及仪表是否处于备用状态。

(3) 用木棒轻敲床层，测定静床高度。

(4) 启动水泵。

(5) 由小到大改变流量（注意：不要把床层内固体颗粒带出）记录各压差计及流量计读数，注意观察床层高度变化及临界流化状态时的现象，记录温度。

(6) 再由大到小改变流量，重复步骤(5)，操作应平稳细致。

(7) 关闭电源，测量静床高度，比较两次静床高度的变化。

3. 注意事项

在临界流化点之前必须保证有 6 个点以上的数据，且在临界流化点附近应多测几个点。

4.4.2.5 实验报告要点及实验数据处理

(1) 参考表格示例，完成实验记录及数据整理表（表 4-7），并以其中一组数据为例详列计算过程。

(2) 在直角坐标纸上做出 Δp-u 曲线。

(3) 求取实测的临界流化速度 u_{mf}，并与理论值进行比较。

(4) 利用固定床阶段实验数据，求取欧根系数，并进行讨论分析。

(5) 对实验中观察到的现象，运用流体与颗粒运动的规律加以解释。

表 4-7　　固体流态化实验记录

学号：_____　姓名：_____　同组：_____　实验装置编号：_____

实验温度：_____℃　静床高度：_____ m　起始流化高度：_____ m

序号	流量 V_2 /$(m^3 \cdot h^{-1})$	床层高度 /m	Δp/mmH$_2$O	
			左	右

思　考　题

1. 从观察到的现象,判断属于何种流态化?
2. 实际流态化时,Δp 为什么会波动?
3. 由小到大改变流量与由大到小改变流量测定的流态化曲线是否重合? 为什么?
4. 流体分布板的作用是什么?

4.5　实验五　水处理设备流动特性测定实验

4.5.1　实验目的

在水处理工程设计中,停留时间(指水或颗粒物质流过处理构筑物的时间)是使用最广泛的设计参数之一。水在处理构筑物中的停留时间与水的流动特性、处理设备的特性(种类、形状、尺寸等)、水温、污染物性质、活性污泥性质、浓度等因素有关。在进行构筑物设计时,一般是按理想状态去进行设计的,但由于建成后的构筑物中往往存在着短流、回流和死角等不理想的水力条件,使水流的实际状态偏离理想状态很远,这将给构筑物或设备的处理结果带来很大的影响。因此,需要通过实验测定水在处理构筑物或设备中的停留时间分布,以判断和描述水在处理构筑物中的流动特性,改进构筑物,提高运行效率。

本实验的目的是:
(1) 掌握停留时间和停留时间分布的基本概念。
(2) 学会用示踪法测定停留时间和停留时间分布函数。

4.5.2　实验原理

1. 停留时间分布函数和平均停留时间

通常把处理构筑物水容积 V 与进水流量 Q 的比值称为停留时间,这是一种平均停留时间的概念。实际上,水进入处理构筑物后,便以不同的路线流过构筑物,同一时刻进入构筑物的水,其停留时间各不相同,一般不等于设计值。如果进入处理设备的水有 Q 份,停留时间 $t \to t + \Delta t$ 的只有 ΔQ 份,则停留时间为 $t \to t + \Delta t$ 的水占进水总量的比例为

$$\frac{\Delta Q}{Q} = \frac{\text{停留时间为 } t \to t + \Delta t \text{ 的污水量}}{\text{处理设备的进水总量}}$$

如表 4-8 所示某一设备里具有不同停留时间的水(ΔQ)在进水总量 Q 中占的比例情况。

表 4-8 不同停留时间的水量在进水总量中所占的比例

停留时间范围 $t \to t + \Delta t/s$	$\dfrac{\Delta Q}{Q}$	停留时间范围 $t \to t + \Delta t/s$	$\dfrac{\Delta Q}{Q}$
0→1	0.035	4→5	0.214
1→2	0.107	5→6	0.143
2→3	0.178	6→7	0.071
3→4	0.242	7→8	0.010

$$\sum \frac{\Delta Q}{Q} = 1.000$$

由表 4-8 可以看出,停留时间为 3～4 的水量所占的比例比较大。此比例变化情况就称为水在处理设备中的停留时间分布。将表 4-8 的数据绘制成图 4-11 后可以看出,每一个长方形面积的大小表示停留时间为 $t \to t + \Delta t$ 的水在进水总量中所占的比例。若时间间隔 $\Delta t = 0$,则图 4-11 中 $\Delta Q/Q$ 的分布可以用一条与停留时间 t 有关的曲线 $E(t)$ 下所包括的面积来表示(图 4-12)。

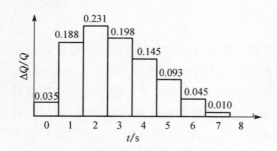

图 4-11 比例随时间变化的情况

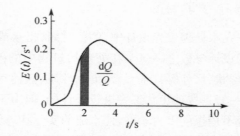

图 4-12 停留时间分布函数 $E(t)$ 与 t 的关系曲线

在图 4-12 中,dQ/Q 是曲线下 $t \to t + \Delta t$ 时段的面积,即

$$\frac{dQ}{Q} = E(t) dt$$

由于函数 $E(t)$ 可以确定停留时间分布情况(即 dQ/Q 的变化情况),把函数 $E(t)$ 称为停留时间分布函数,也称为分布密度函数。在 $0 \to \infty$ 范围内,$E(t)$ 曲线下面的全部面积等于 1,即

$$\int_0^\infty E(t) dt = 1 \tag{4-24}$$

若进水总量为 Q,停留时间为 t_1 时的水量为 ΔQ_1,停留时间为 t_2 时的水量为 ΔQ_2,停留时间为 t_i 时的水量为 ΔQ_i,则停留时间的平均值为

$$\bar{t} = \frac{t_1\Delta Q_1 + t_2\Delta Q_2 + \cdots + t_n\Delta Q_n}{Q} = \frac{\sum\limits_{i=1}^{n} t_i\Delta Q_i}{Q} \tag{4-25}$$

若 $\Delta t_i \to 0$,则 t 为

$$\bar{t} = \frac{\sum\limits_{i=1}^{n} t_i\Delta Q_i}{Q} = \frac{\int_0^\infty t\,\mathrm{d}Q}{Q} = \int_0^\infty t\,\frac{\mathrm{d}Q}{Q} \tag{4-26}$$

因为 $\dfrac{\mathrm{d}Q}{Q} = E(t)\mathrm{d}t$,所以

$$\bar{t} = \int_0^\infty tE(t)\mathrm{d}t \tag{4-27}$$

式(4-27)表明,当假定水流过处理构筑物时其密度不变且为等温条件时,可以通过实验测得停留时间分布函数 $E(t)$,并计算求得平均停留时间 t。

2. **停留时间分布函数的测定**

测定停留时间分布函数的常用方法有两种:脉冲法(impulse input)和跃阶法(step input)。

(1) 脉冲法:在正常运行的处理设备入口端,瞬时注入一定数量的示踪物(M_0),同时,在出口端测定示踪物浓度 $\rho(t)$ 随时间 t 的变化,绘制出口的示踪物浓度与时间的关系曲线(图 4-13),即可求得水在该处理设备的停留时间分布函数 $E(t)$。

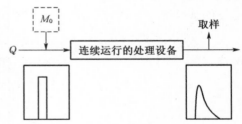

图 4-13 脉冲法示意

示踪剂注入后,经过 $t \to t+\mathrm{d}t$ 的时间间隔,从出口流出的示踪物 $\mathrm{d}M$ 占注入示踪物总量(M_0)的比例为

$$\frac{\mathrm{d}M}{M_0} = \frac{\text{在 } t \to t+\mathrm{d}t \text{ 时间流出的示踪物量}}{\text{示踪总物量}} = \frac{Q\rho(t)\mathrm{d}t}{M_0} \tag{4-28}$$

式中

$$\frac{M_0}{Q} = \int_0^\infty \rho(t)\mathrm{d}t \tag{4-29}$$

即

$$M_0 = Q\int_0^\infty \rho(t)\mathrm{d}t \tag{4-30}$$

将式(4-29)代入式(4-30),得 $\quad \dfrac{\mathrm{d}M}{M_0} = \dfrac{\rho(t)\mathrm{d}t}{\displaystyle\int_0^\infty \rho(t)\mathrm{d}t}$

如果在注入示踪物的同时,入流水量是 Q,则在停留时间 $t \to t+\mathrm{d}t$ 流出的水量 $\mathrm{d}Q$ 在总量中占的比例为 $\quad \dfrac{\mathrm{d}Q}{Q} = E(t)\mathrm{d}t$

由于示踪物与污水是在同一流动体系里,所以 $\quad \dfrac{\mathrm{d}M}{M_0} = \dfrac{\mathrm{d}Q}{Q}$

$$\frac{\rho(t)\,\mathrm{d}t}{\int_0^\infty \rho(t)\,\mathrm{d}t} = E(t)\,\mathrm{d}t$$

整理后得
$$E(t) = \frac{\rho(t)}{\int_0^\infty \rho(t)\,\mathrm{d}t} \qquad\qquad (4\text{-}31a)$$

或
$$E(t) = \frac{Q}{M_0}\rho(t) \qquad\qquad (4\text{-}31b)$$

式中 $E(t)$——水在处理构筑物里的停留时间分布函数；

$\rho(t)$——t 时刻出口污水中的示踪物浓度；

M_0——注入的示踪物总量。

（2）跃阶法：在正常运行的处理设备入口端，从某一时刻开始连续投加一定浓度的示踪物，或者从某一时刻起切断进水，改用相同流量的示踪物作为入流，并同时在出口端测定示踪物浓度 $\rho(t)$ 随时间的变化，如图 4-14 所示。

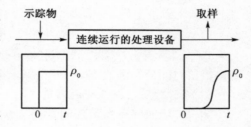

图 4-14 跃阶法示意

对于这种方法，t 时刻由出口测得的示踪物是停留时间为 $0 \rightarrow t$ 的示踪物，即凡是停留时间短于或等于 t 的示踪物在 f 时刻都可以由出口流出来，所以：

$$P(t) = \frac{停留时间为\ 0 \rightarrow t\ 的示踪物}{t\ 时刻内的进水总量}$$

$$= \frac{t\ 时刻内注入设备的示踪物 \times 停留时间\ 0 \rightarrow t\ 的比例}{t\ 时刻内的进水总量}$$

$$= Q\rho_0 t \int_0^t E(t)/Q_t$$

$$\frac{\rho(t)}{\rho_0} = \int_0^t E(t)\,\mathrm{d}t$$

$$E(t) = \frac{1}{\rho_0} \cdot \frac{\mathrm{d}\rho(t)}{\mathrm{d}t} = \mathrm{d}\left[\frac{\rho(t)}{\rho_0}\right]/\mathrm{d}t \qquad\qquad (4\text{-}32)$$

从式（4-32）可以知道，通过实验测得 $\rho(t)$ 后，绘制 $\rho(t)/\rho_0$ 与时间 t 的关系曲线，便可以求得停留时间分布函数，如图 4-15 和图 4-16 所示。

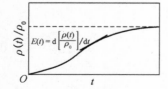

图 4-15 跃阶法的 $\rho(t)/\rho_0$ 与时间 t 的关系曲线

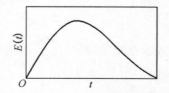

图 4-16 $\rho(t)/\rho_0$ 与时间 t 的关系曲线求得的分布函数 $E(t)$ 与 t 的关系曲线

　　脉冲法的主要优点是可以直接根据出口示踪物浓度 $f_0(f)$ 的变化情况得到停留时间分布函数 $E(t)$，数据分析较为简单，因此在水处理中常用此法。这种方法的缺点是实验要求在时间等于"零"的瞬间注入示踪物，在实际实验操作中是较困难的。此外，低浓度示踪物的精确量测较为困难。跃阶法的主要优点是实验操作较方便，即实验时较容易做到示踪物浓度的跃阶改变，其主要缺点是当 ρ/ρ_0 接近 1 时，量测较困难，同时，$E(t)$ 必须由 ρ/ρ_0 与 t 的关系曲线进行数值微分才能得到。因此，以跃阶实验为基础建立的数学模型不如脉冲法那么精确。

　　3. 理想推流

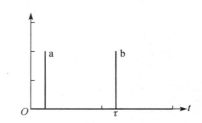

图 4-17　理想推流构筑物的示踪物特性曲线（a 入流，b 出流）

　　理想推流是指进入构筑物的水流只有横向混合而没有纵向混合的流态，这是一种理想化了的流态，在生产性处理设施中是不存在的。这种类型的构筑物里流态十分简单，不存在回混现象。如果在流量不变的推流型构筑物入流突然地（脉冲）注入示踪物，如图 4-17a 所示，同时测定出流示踪物浓度，经过时间间隔 τ，注入的示踪物以它注入构筑物时完全相同的形式在出流中出现，如图 4-17b 所示。示踪物和水在池子（构筑物）里的停留时间是池子长度的函数，若池子体积为 V，进水流量为 Q，则平均停留时间为 $t = V/Q$，停留时间长于或短于 t 的比例都等于 0，等于 t 的比例为 1。

　　4. 理想完全混合

　　理想完全混合是指入流水进入构筑物后，立即与全池水完全混合，池中各点工作状况完全一致的流态。在完全混合的处理构筑物（池子）入流端，用脉冲法注入示踪物（M_0）后，示踪物立即与全池的水完全混合，池子内示踪物浓度 $\rho_0 = M_0/V_0$。池子出口的示踪物浓度和池子里的示踪物浓度相等，亦为 ρ_0。

　　若对 $t \rightarrow t + \mathrm{d}t$ 时段池子里的示踪物进行物料衡算，则

$$V\rho(t) = V[\rho(t) + \mathrm{d}\rho(t)] + Q\rho(t)\mathrm{d}t$$

$$\frac{\mathrm{d}\rho(t)}{\rho(t)} = -\frac{Q}{v}\mathrm{d}t = -\frac{1}{t}\mathrm{d}t$$

$$\int_{\rho_0}^{\rho(t)} \frac{\mathrm{d}\rho(t)}{\rho(t)} = -\int_0^t \frac{1}{\bar{t}}\mathrm{d}t = -\frac{1}{\bar{t}}\int_0^t \mathrm{d}t$$

解上式，得

$$\ln\frac{\rho(t)}{\rho_0} = -\frac{t}{\bar{t}}$$

$$\rho(t) = \rho_0 \mathrm{e}^{-\frac{t}{\bar{t}}} \tag{4-33}$$

　　式（4-33）表示理想完全混合型构筑物里示踪物浓度在注入示踪物时突然增为 M_0/V，并呈指数衰减，如图 4-18 所示。当 $t = \bar{t}$ 时，出流示踪物浓度等于 $36.8\% M_0/V$（即 $36.8\%\rho_0$），用这个方法可以简便地判断构筑物的运行是否接近完全混合。

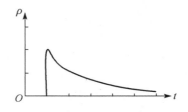

图 4-18　完全混合型构筑物示踪物特性曲线

完全混合型池子里的停留时间分布函数为

$$E(t) = \frac{Q}{M_0}\rho(t) = \frac{Q}{M_0}\rho_0 e^{-t/\bar{t}} = \frac{Q}{M_0}\frac{M_0}{V}e^{-t/\bar{t}}$$

$$E(t) = \frac{1}{\bar{t}}e^{-t/\bar{t}} \tag{4-34}$$

式(4-34)表示的完全混合型停留时间分布函数可以用图 4-19 表示。

生产中处理构筑物里的流态一般都是介于理想推流和理想完全混合之间,如图 4-20 所示。

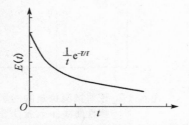

图 4-19　理想完全混合处理构筑物的
停留时间分布函数

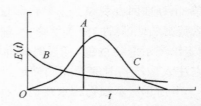

A—理想推流型;B—理想完全混合型;C—实际处理构筑物

图 4-20　$E(t)$ 与 t 之间的关系

5. 示踪物

任何一种不影响液体流态且易于被检测的惰性物质都可以作为示踪物。染料(荧光染料、若丹明染料)、电解质(氯化钠)、放射性同位素(^{59}Fe)等是水处理中常用的示踪物。荧光染料便宜、无毒和使用效果较好,因此最早被选为液体物质的示踪物,但是它的荧光波长和污水的本底接近,较难检测和定量。以电解质作为示踪物时,若投加量较大,有可能产生异重流现象,影响测试效果。若丹明 WT(Rhodamine WT)对于悬浮固体吸附较小,其荧光波长与天然水不一样,是液体流动状态的较好示踪物。放射性同位素可以作为水中悬浮颗粒流动状况的示踪物。选择放射性同位素做示踪物时应注意下列几点:

(1)选用的同位素半衰期不能太长也不能太短。

(2)用量希望能最少。

(3)可水溶并易于制备。

(4)其离子能强烈吸附在悬浮颗粒上。

铁和铝是属于这一类的同位素,在污水处理实验中可以采用。

4.5.3　实验装置与设备

1. 实验装置

实验装置由高位稳压水槽,氧化沟模型或完全混合型曝气池模型组成,如图 4-21 所示。

高位稳压水槽的上部设有溢流口,使流入实验模型的流量在实验期间恒定不变。

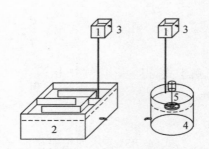

1—高位稳压水箱;2—推流型构筑物模型;3—溢流管;4—完全混合型构筑物模型;5—搅拌机

图 4-21　推流型构筑物模型和完全混合型构筑物模型

在进行完全混合型流动特性实验时,需保持曝气叶轮转速不变。为此,电动机要接在直接稳压电源上,以保证输入电压稳定。

2. 实验设备和仪器仪表

(1) 氧化沟(推流型构筑物)模型:硬塑料制,高×长×宽＝0.12 m×0.42 m×0.85 m(每槽宽 0.1 m),1 只。

(2) 曝气池(完全混合型构筑物)模型:硬塑料或有机玻璃制,$D×H＝0.3$ m×0.42 m,1 只。

(3) 高位稳压水槽:硬塑料制,高×宽×长＝0.4 m×0.25 m×0.25 m,1 只。

(4) 电动机:单向串激电动机,型号 U25/40-220,1 台。

(5) 直流稳压电源:30 V/2 A,1 台。

(6) 曝气叶轮:铜制泵型叶轮,叶轮直径 $d＝12$ cm,1 只。

(7) 分光光度计:1 台。

(8) 分析天平:1 台。

(9) 烧杯:50 mL,50 只。

(10) 秒表:1 块。

(11) 容量瓶:500 mL,1 只;50 mL,6 只。

(12) 移液管:1 mL,2 mL,5 mL,各 1 支。

(13) 量筒:1 000 mL,1 只。

(14) 洗耳球:1 只。

4.5.4　实验步骤

(1) 配制若丹明 B 标准溶液。称取 0.050 g 若丹明 B(用分析天平),溶于 500 mL 容量瓶内,用蒸馏水稀释至标线,配制成 0.01% 的若丹明 B 标准溶液。

在 5 只 50 mL 的容量瓶内分别加入 1,2,3,4,5 mL 0.01% 的若丹明 B 溶液,配制成浓度分别为 2,4,6,8,10 mg/L 的标准溶液。

(2) 用配制好的标准溶液确定最大吸收波长 A 为 540～560 nm。

(3) 在分光光度计上读取相应于各种若丹明 B 浓度的吸光度,并绘制吸光度与若丹明 B 浓度关系标准曲线。

(4) 测定实验模型容积。

(5) 用体积法测定实验装置在实验时的流量。

(6) 在分析天平上称取 200～250 mg 若丹明 B,溶解于 30 mL 的自来水里。

(7) 用脉冲法投加若丹明 B 溶液。

(8) 用 50 mL 的烧杯在出口端定期取样,并记录取样时间(开始时 30 s～1 min 取一次样本,后期 1～2 min 取一次样本,约共取 50 个样本)。

(9) 用分光光度计依次测定 50 个样本的示踪物浓度。

注意事项:

(1) 用分光光度计测定示踪物浓度时,应注意比色皿厚度的选择,要使吸光度读数范围在 0.1～0.65 之间,这样可以得到较高的精确度。

(2) 投加示踪物的操作,要求动作尽量快,使示踪物注入时间尽量接近"零"。

4.5.5 实验结果整理

(1)实验设备和基本实验参数记录：

实验日期_____年_____月_____日

氧化沟模型有效容积_____L

曝气池模型有效容积_____L

流量 $Q=$ _____L/min

最大吸收波长 $A=$ _____nm

若丹明 B 的用量 $M_0=$ _____mg

(2)测定若丹明 B 标准浓度曲线记录可参考表 4-9。

表 4-9　　　　　　　　　　　若丹明 B 标准曲线记录

容量瓶序号							
加入 0.01% 若丹明 B 标准溶液体积/mL							
若丹明 B 浓度 $\rho/(mg \cdot L^{-1})$							
吸光度 A							

(3)以吸光度 A 为纵坐标、若丹明 B 浓度 ρ 为横坐标作标准曲线。

(4)测定实验模型流动特性时，测得的示踪物浓度记录于表 4-10，以 ρ 为纵坐标、t 为横坐标作 ρ 与 t 的关系曲线。

表 4-10　　　　　　　　　　构筑物模型测定的示踪物浓度

烧杯序号							
取样时间/min							
吸光度 A							
示踪物浓度 $\rho/(mg \cdot L^{-1})$							

(5)根据 ρ 与 t 关系曲线，计算停留时间分布函数 $E(t)$ 并记录于表 4-11 中。

表 4-11　　　　　　　　　　停留时间分布函数 $E(t)$ 记录

t/min							
$\rho(t)/(mg \cdot L^{-1})$							
$E(t)$							

(6)以 $E(t)$ 为纵坐标、时间 t 为横坐标作图，得 $E(t)$ 与 t 的关系曲线。

(7)用辛卜生公式计算平均停留时间。

4.5.6 实验结果讨论

(1)是否可以利用测定数据检验实验结果的正确性？

(2)比较用不同方法计算求得的平均停留时间 $\bar{t}$，讨论影响本实验结果的主要因素。

(3)根据实验结果，你对实验模型的流动特性得出哪些结论？本实验有什么实际意义？

第5章 泵阀实验

5.1 实验六 普通单向阀和液控单向阀的拆装及分析实验

在液压系统中,用于控制系统中液流压力、流量和液流力向的元件总称为液压控制阀。液压控制阀的种类繁多,可分为方向阀、压力阀和流量阀三大类。压力阀和流量阀是利用通流截面的节流作用来控制系统的压力和流量的,而方向阀则是利用通流通道的变换控制液体的流动力向。液压阀的结构主要分为三部分:阀体、阀芯以及采用机、电、液等不同方式的控制机构。单向阀又称止回阀或逆止阀,在水处理系统提升泵压水管路、加药泵出流管路等位置普遍使用,保证管路中液体不会回流倒灌影响工艺运行或对设备造成损害。本实验仅就单向阀进行拆装和分析,加深对阀结构及其工作原理的了解,并能对液压阀的加工及装配工艺有一个初步的认识。

5.1.1 实验目的

(1)了解 DIF 型单向阀的结构特点、工作原理。
(2)了解 A1Y 型液控单向阀的结构特点、工作原理。
(3)提高学生的动手能力以及观察、分析问题的能力。

5.1.2 实验原理

1. 普通单向阀的构造原理

图 5-1 所示为一种管式普通 DIF 型单向阀的结构图。带压液体从阀体 1 左端流入时,克服弹簧作用在阀芯上的力,使阀芯向右移动,打开阀口,并通过阀芯上的径向孔 a、轴向孔 b 从阀体右端流出。但是带压液体从阀体右端流入时,它和弹簧力一起使阀芯的锥面压紧在阀座上,使阀口关闭,液体无法通过。

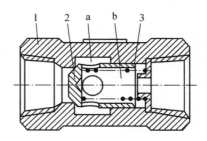

1—阀体;2—阀芯;3—弹簧

图 5-1 DIF 型单向阀结构图

2. 液控单向阀的构造原理

A1Y 型液控单向阀的结构图如图 5-2 所示。当控制口 K 处无压力液通入时,它的工作机制与普通单向阀一样,液体只能从进口流向出口,不能反向倒流。当控制口 K 有控制压力液时,因控制活塞的上腔与进口腔相通,控制活塞上移,推动顶杆顶开阀芯,使出口腔和进口腔接通,液体就可在两个方向自由流通了。

5.1.3 实验设备与工具

固定扳手一把,活动扳手一把,组合螺丝刀一套,内六角扳手一套,内卡簧钳一把,铜棒一根,专用钢套一个,台虎钳一把。

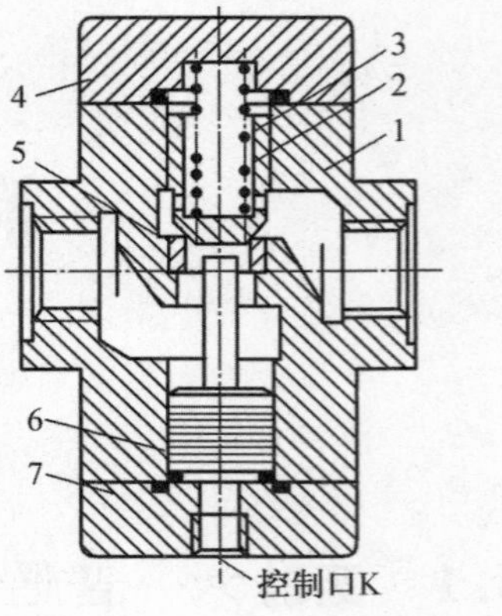

5.1.4 实验步骤

1. 普通单向阀
(1) 首先将单向阀内的弹簧卡环用内卡簧钳取下。
(2) 取出弹簧。
(3) 取出阀芯。
2. 液控单向阀
(1) 将上盖与阀体之间的连接螺钉松开并取下来。
(2) 取出上盖与阀体间的密封圈、阀芯以及弹簧。
(3) 将下盖与阀体之间的连接螺钉松开并取下来。
(4) 取出下盖与阀体间的密封圈以及控制活塞。

5.1.5 结构特点观察

1. 普通单向阀
(1) 注意观察阀芯头部的形状和朝向。
(2) 注意观察阀芯上进口出口的位置和阀体上的箭头指向。
(3) 注意观察该阀弹簧的结构特点。
2. 液控单向阀
(1) 注意观察阀体上有无泄油口。
(2) 注意观察阀芯上进出口的位置和阀体上的箭头指向。
(3) 注意观察控制活塞的结构尺寸及与进口腔的连通情况。

5.1.6 装配要点和注意事项

装配顺序与拆卸顺序相反。装配时应注意以下事项。
1. 普通单向阀
(1) 装配前将各零件用汽油清洗干净。
(2) 阀芯方向应与阀体上箭头指向保持一致。
2. 液控单向阀
(1) 装配前将各零件用汽油清洗干净。
(2) 注意观察阀体上的箭头指向。
(3) 放入O形密封圈前,可在主阀芯及网孔等部位涂少许液压油。

5.1.7 实验报告

(1) 根据实物,画出普通单向阀和液控单向阀的工作原理简图。

1—阀体;2—阀芯;3—弹簧;4—上盖;
5—阀座;6—控制活塞;7—下盖

图 5-2 A1Y 型液控单向阀结构图

　　(2) 简要说明普通单向阀和液控单向阀的结构组成。

　　(3) 简述普通单向阀和液控单向阀内主要零部件的构造及其加工工艺要求。

思 考 题

1. 普通单向阀按阀芯结构形式一般分为哪几种?

2. 单向阀的主要性能指标有哪些?

3. 单向阀如果用做背压阀时弹簧应怎样调整?

4. 普通单向阀与液控单向阀结构上的主要区别是什么?

5.2　实验七　SCY14 型手动变量轴向柱塞泵拆装与分析实验

　　水处理系统中,药剂投加是工艺运行操作的重要内容。为实现药剂的准确投加,往往使用各种容积式液泵。容积式液泵具有液体体积计量准确、需要流量变化时易于实现准确调节的特点。在流量需要根据其他工艺条件进行自动控制时,能够快速、准确地完成下达的指令,保障工艺运行效果。

5.2.1　实验目的

　　了解 SCY14 型手动变量轴向柱塞泵的结构特点、工作原理。提高学生的动手能力以及观察、分析问题的能力。

5.2.2　实验内容

　　拆装 SCY14 型手动变量轴向柱塞泵并分析其结构特点。

5.2.3　实验仪器

　　固定和活动扳手各一把;组合螺丝刀一套;内六角扳手一套;内卡簧钳一把;铜棒一根;专用钢套一个;橡胶锤,一把。汽油、液压油若干。

5.2.4　实验原理

　　轴向柱塞泵一般都由缸体、配油盘、柱塞和斜盘等主要零件组成。缸体内有多个柱塞,柱塞是轴向排列的,即柱塞的中心线平行于传动轴的轴线,因此称它为轴向柱塞泵。但它又不同于往复式柱塞泵,因为它的柱塞不仅在泵缸内做往复运动,而且柱塞和泵缸与斜盘相对有旋转运动。柱塞以一球形端头与斜盘接触。在配油盘上有高低压月形沟槽,它们彼此由隔墙隔开,保证一定的密封性,它们分别与泵的进油口和出油口连通。斜盘的轴线与缸体轴线之间有一倾斜角度。

　　当电动机带动传动轴旋转时,泵缸与柱塞一同旋转,柱塞头永远保持与斜盘接触,因斜盘与缸体成一角度,因此缸体旋转时,柱塞就在泵缸中做往复运动。以一柱塞为例,它从 0° 转到 180°,即转到上面柱塞的位置,柱塞缸容积逐渐增大,因此液体经配液盘的吸液口吸入液缸;而该柱塞从 180° 转到 360° 时,柱塞缸容积逐渐减小,因此液缸内液体经配液盘的出口排出液体。只要传动轴不断旋转,泵便不断地工作。

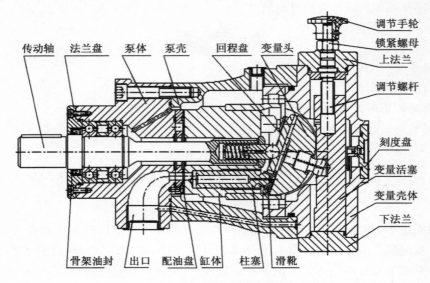

图 5-3　SCY14 型手动变量柱塞泵结构图

　　改变倾斜元件的角度,就可以改变柱塞在泵缸内的行程长度,即可改变泵的流量。倾斜角度固定的称为定量泵,倾斜角度可以改变的便称为变量泵。

　　轴向柱塞泵根据倾斜元件的不同,有斜盘式和斜轴式两种。斜盘式是斜盘相对回转的缸体有一倾斜角度,而引起柱塞在泵缸中往复运动。传动轴轴线和缸体轴线是一致的。这种结构较简单,转速较高,但工作条件要求高,柱塞端部与斜盘的接触部往往是薄弱环节。斜轴式的斜盘轴线与传动轴轴线是一致的。它是由于柱塞缸体相对传动轴倾斜一角度而使柱塞作往复运动。流量调节依靠摆动柱塞缸体的角度来实现,故有的又称摆缸式。它与斜盘式相比,工作可靠,流量大,但结构复杂。

　　SCY14 型柱塞泵的变量机构采用手动变量机构。转动调节手轮,使调节螺杆转动,带动变量活塞进行轴向移动。通过销轴使斜盘绕变量机构壳体上的圆弧导轨面的中心(即钢球中心)旋转。从而使斜盘倾角改变,达到柱塞泵改变流量的目的。当流量达到要求时,可用调节手轮下面的锁紧螺母锁紧。这种变量机构结构简单,但必须在停机时操纵,不能在工作过程中改变泵的流量。

5.2.5　拆装步骤

　　(1) 松开变量机构与泵体上的固定螺钉,将左端手动变量机构与泵体分开。

　　(2) 拧下手动变量机构左端刻度盘上的连接螺钉,取下刻度盘、拨叉和定位销。

　　(3) 拆下斜盘和销轴。

　　(4) 取下手动变量机构上端的调节手轮及锁紧螺母。

　　(5) 拧下手动变量机构上端盖上的连接螺钉,取下调节螺杆。

　　(6) 拧下手动变量机构下端盖上的连接螺钉,取下密封圈,轻轻敲出变量活塞。

　　(7) 拆下泵体部分的回程盘、柱塞和导套。

(8) 拆下缸体。

(9) 拆下配液盘。

(10) 拆下泵体部分的右端盖和油封。

(11) 取出传动轴。

5.2.6   结构特点观察

(1) 注意观察泵体的结构,泵体上有与柱塞相配合的加工精度很高的圆柱孔,中间开有花键孔。

(2) 注意观察铭牌,铭牌上标注了泵的基本参数,如泵的排量、泵的额定压力等。

(3) 注意观察柱塞、滑履及斜盘的连接情况,柱塞和滑履中心开有小孔。

(4) 注意观察中心弹簧中的弹簧、内宾、钢球和回程盘及滑履的连接形式。

(5) 注意配液盘结构,了解其上配液窗口和卸荷槽的位置。

(6) 注意观察手动变量机构的结构特点和操作形式。

5.2.7   装配要点和注意事项

装配顺序与拆卸顺序相反。装配时应注意以下事项。

(1) 用汽油清洗零部件,并按顺序放好。

(2) 将变量机构和泵体分别装配完毕后再进行组装。

(3) 装配变量活塞和传动轴时在活塞和传动轴表面涂上少许液压油。

5.2.8   实验报告要求

(1) 根据实物画出 SCY14 型轴向柱塞泵的工作原理简图。

(2) 简要说明 SCY14 型轴向柱塞泵的结构组成。

(3) 简述 SCY14 型轴向柱塞泵内主要零部件的构造及其加工工艺要求。

(4) 简述拆装 SCY14 型轴向柱塞泵的方法和拆装要点。

思 考 题

1. 柱塞泵的密封工作容积由哪些零件组成? 密封腔有几个?

2. 柱塞泵是如何实现配流的?

3. 采用中心弹簧机构有何优点,泵是如何实现自动吸液的?

4. 柱塞泵的配液盘上开有几个槽孔? 各有什么作用?

5. 手动变量机构由哪些零件组成? 如何调节泵的流量?

6. 该泵采用了哪些措施以减小滑履和斜盘之间的摩擦?

5.3   实验八   气缸实验

水处理系统中广泛使用的多种球阀、蝶阀、隔膜阀都采用气压传动的方式。气压传动与控制是指以压缩空气为工作介质来传递力和运动的传动,可直接控制和驱动各种机械和设备,更容易与强电、弱电结合,实现生产过程机械化、自动化。许多机器设备中都装有气压传动系统。在各工业领域(如机械、电子、钢铁、运行车辆及制造、橡胶、纺织、化工、食品、包装、印刷和烟草机械等)中,广泛采用气压传动技术。气压传动技术不但在各工业领域应用广泛,而且在尖端技术领域如核工业和宇航中,气压传动技术也占据着重要的地位。气压传动技术已发展成为与机械、电气和电子等技术互补,实现生产过程自动化的一个重要手段。目前,越来越多的高度自动化的设备、生产线是采用计算机控制气压传动实现的。

5.3.1 实验目的

(1) 了解双作用气缸的工作原理、内部结构及工作过程。
(2) 学会使用气缸及了解气缸的工作用途及简单的气缸计算。

5.3.2 实验原理

(1) 气缸实物及示意图。

如图 5-4 所示为双作用气缸的实物图及职能符号。

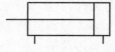

图 5-4 双作用气缸实物及职能符号

(2) 气缸的工作原理。

气缸用压缩空气作为动力源,实现直线或旋转往复运功,输出力和位移。图示气缸的工作原理是当无杆腔进气时,传动杆伸出、有杆腔出气。由于活塞右边的面积较大,当空气压力作用在右边时,提供慢速并且作用力大的工作进程;当有杆腔进气时,传动杆缩回,无杆腔出气,由于活塞左边的面积较小,所以速度较快而作用力变小。气缸活塞杆的推力(无杆腔进气)计算公式和拉力(有杆腔进气)计算公式分别为

$$F_1 = \frac{\pi}{4} D^2 P_s \eta \tag{5-1}$$

$$F_2 = \frac{\pi}{4} (D^2 - d^2) P_s \eta \tag{5-2}$$

式中 F_1——活塞杆伸出时的轴向推力(N);

F_2——活塞杆缩回时的轴向拉力(N);

D——活塞直径或气缸内径(m);

d——活塞杆直径(m);

P_s——气缸的工作压力(Pa);

η——气缸的负载率。

5.3.3 实验仪器

主要仪器设备包括：双作用气缸一个，气动三(二)联件一个，弹簧秤一个，连接气管若干根。

1. 气动三(二)联件介绍

气压传动系统中，气动三联件是指空气过滤器、减压阀和油雾器，有些品牌的电磁阀和气缸能够实现无油润滑(靠润滑脂实现润滑功能)，便不需要使用油雾器。空气过滤器和减压阀组合在一起可以称为气动二联件。还可以将空气过滤器和减压阀集装在一起，便成为过滤减压阀(功能与空气过滤器和减压阀结合起来使用一样)。空气过滤器用于对气源的清洁，可过滤压缩空气中的水分，避免水分随气体进入装置。减压阀可对气源进行稳压，使气源处于恒定状态，可减小因气源气压突变时对阀门或执行器等硬件的损伤。油雾器可对机体运动部件进行润滑，可以对不方便加润滑油的部件进行润滑，大大延长机体的使用寿命。气动三联件实物图及职能符号见图5-5。

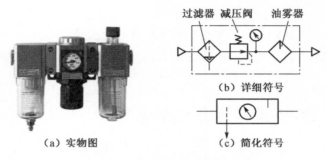

图 5-5　气动三联件实物及职能符号

2. 气动三(二)联件的操作

本实验以 FESTO 公司的气动三(二)联件为例，其最大输出压力为 1.6 MPa。调节气动三(二)联件的减压阀时的具体操作如下：先将气动二联件上的蓝色旋钮向上拨出，然后将减压阀的旋钮顺时针或者逆时针方向旋转、调节过后再将旋钮按下。

5.3.4 实验步骤

(1) 将元件参照如图5-6所示位置固定在实验台上，并检查是否安装牢固。

(2) 按照图5-6用气管将各个元件进行连接，检查气管是否插好。

(3) 接通气源，观察减压阀的压力输出值。将气动三(二)联件上的蓝色按钮向上拔出，调节旋钮，使减压阀的压力输出值达到某一数值，记下此时连接于气缸的弹簧秤显示值；再调节旋钮，使减压阀的

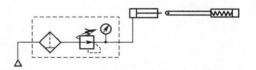

图 5-6　双作用气缸实验原理示意

压力输出值有所变化，记下此时连接于气缸的弹簧秤显示值；再调节旋钮，使减压阀的压力输出值再次变化，记下此时连接于气缸的弹簧秤显示值。

(4) 关闭气源，拔下气管，将各元件从实验架上取下来。

5.3.5 实验结果整理

（1）填写实验记录表（表 5-1）。

表 5-1 双作用气缸实验记录

	减压阀的压力输出值 P_i	弹簧秤的压力值 F_i
第一次		
第二次		
第三次		

（2）计算气缸的拉力、推力。

思 考 题

1. 叙述气动三（二）联件的组成、安装顺序及工作过程。
2. 试说明单活塞气缸和双活塞气缸的拉力和推力的区别。
3. 试说明单作用气缸和双作用气缸的区别。

5.4 实验九 离心泵特性曲线测定实验

5.4.1 实验目的

（1）测绘泵的工作性能曲线，了解性能曲线的用途。
（2）掌握泵的基本实验方法及其各参数的测试技术。
（3）了解实验装置的整体构成、主要设备和仪器仪表的性能及其使用方法。

5.4.2 实验原理

泵性能曲线是指在一定转速 n 下，扬程 H、轴功率 P_a、效率 η 与流量 Q 间的关系曲线。它反映了泵在不同工况下的性能。

由离心泵理论和它的基本实验方法可知，泵在某一工况下工作时，其扬程、轴功率、总效率和流量有一定的关系。当流量变化时，这些参数也随之变化，即工况点及其对应参数是可变的。因此，离心泵实验时可通过调节流量来调节工况，从而得到不同工况点的参数。然后，再把它们换算到规定转速下的参数，就可以在同一幅图中做出 H-Q、P_a-Q、η-Q 关系曲线。

离心泵性能实验，通常采用出口节流调节方法，即改变管路阻力特性来调节工况，如图 5-7所示。

实验参数测定

泵性能实验必须测取的参数有 Q、H、P_a 和 n，效率 η 则由计算求得。

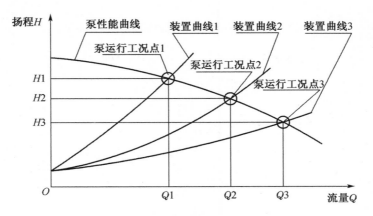

图 5-7　改变管路特性来改变工作点

1. 流量 Q 的测量

流量常用工业流量计和节流装置直接测量。用流量计测流量速度快,自动化程度高。

常用的工业流量计有涡轮流量计和电磁流量计。涡轮流量计精确度较高,一般能达到 $\pm5\%$。电磁流量计包括变送器和转换器两部分,它也可以测量含杂质液体的流量。它的精确度较涡轮流量计差,一般为 $1\%\sim1.5\%$。

2. 扬程 N 的测量

泵扬程是在测得泵进、出口压强和流速后经计算求得,扬程计算公式为

当进口压强小于大气压强时

$$H = H_{M2} + H_1 + Z_1 + \frac{v_2^2 - v_1^2}{2g} \tag{5-3}$$

当进口压强大于大气压强时

$$H = H_{M2} - H_{M1} + H_1 + (Z_2 - Z_1) + \frac{v_2^2 - v_1^2}{2g} \tag{5-4}$$

其中　　　　　$v_1 = Q/A_1 \tag{5-5}$

$$v_2 = Q/A_2 \tag{5-6}$$

式中　H——扬程(m);

　　　Q——流量($\mathrm{m^2/s}$);

　　　H_1——进口真空表读数(m);

　　　H_{M1}——进口压强表读数(m);

　　　H_{M2}——出口压强表读数(m);

　　　Z_1,Z_2——真空表和压强表中心距基准面高度(m);

　　　v_1,v_2——进出口管中液体的流速(m/s);

　　　A_1,A_2——进出口管的截面积($\mathrm{m^2}$)。

根据实验标准规定,泵的扬程是指泵出口法兰处和入口法兰处的总水头差,而测压点的位置是在离泵法兰 $2D$ 处(D 为泵进口、出口管径),因此用式(5-1)和式(5-2)计算的扬程

值,还应加上测点至泵法兰间的水头损失 $H_f = H_{f1} + H_{f2}$。H_{f1} 和 H_{f2} 为对进口和出口而言的水头损失值,其计算方法和流体力学中计算方法相同。

3. 转速 n 的测量

泵转速常通过手持式转速表、数字式转速表或转矩转速仪直接读取。

使用手持式转速表时,把它的感速轴顶在电动机轴的中心孔处,就可以从表盘上读出转速。这种转速表主要有机械式和数字式两种,使用方便,精确度能达到 C 级实验要求。

数字式转速表主要由传感器和数字频率计两部分组成。传感器把转速变成电脉冲信号,传给数字频率计直接显示出转速值。传感器有光电式和磁电式两大类,后者使用较多。这种表的测速范围大,为 $30 \times 10^5 \sim 4.8 \times 10^5$ r/min。精确度比较高,可达 $\pm 0.1\% \sim 0.05\%$,因此多用于 B 级以上实验,常用的如 JSS-2 型数字转速表。

转矩转速仪可以在测转矩的同时测定转速。

4. 轴功率 P_a 的测量

泵轴功率目前常用转矩法和电测法测量,本实验采用电测法。

这种方法是通过测量电动机输入功率和电动机效率来确定泵的轴功率的方法。如果知道电动机输入功率 P_{gr}、电动机效率 η_g、传动机械效率 η_{im},则电动机输出功率 P_g 和泵的轴功率 P_a 为

$$P_g = P_{gr} \cdot \eta_g \tag{5-7}$$

$$P_a = P_{gr} \cdot \eta_g \cdot \eta_{im} \tag{5-8}$$

式中　　P_a—— 泵的轴功率(kW);

　　　　P_g—— 电动机输出功率(kW);

　　　　P_{gr}—— 电动机输入功率(kW);

　　　　η_g—— 电动机效率(%);

　　　　η_{im}—— 电动机与泵间传动机械效率(%);电动机直连传动 η_{im} 为 100%,联轴器传动 η_{im} 为 98%,液力联轴器传动 η_{im} 在 97% ~ 98% 范围内。

测量电动机输入功率 P_{gr},常用方法有下面几种:

(1)用双功率表测量,计算公式为

$$P_{gr} = K_I K_U (P_1 + P_2) \tag{5-9}$$

式中　　K_I,K_U ——电流和电压的互感器变比;

　　　　P_1,P_2 ——两功率表读数(kW)。

(2)用电流表和电压表测量,计算公式为

$$P_{gr} = \sqrt{3} IU \cos\varphi / 1\,000 \tag{5-10}$$

式中　　I—— 相电流(A);

　　　　U—— 相电压(V);

　　　　$\cos\varphi$—— 电动机功率因数。

(3)用三相功率表测量,计算公式为

$$P_{gr} = CK_I K_U P \tag{5-11}$$

式中　　C——三相功率表常数;

P——功率表读数(kW)。

电动机效率与输入功率的大小有关,根据电动机实验标准通过实验来确定,并把实验数据制成曲线,使用时由曲线查出 η_g。

5. 效率 η 的计算

$$\eta = \frac{\rho g H Q}{1\,000\,P_a} \times 100\% \tag{5-12}$$

式中 η——效率(%);
ρ——流体密度(kg/m^3);
H——扬程(m);
Q——流量(m^3/s);
P_a——轴功率(kW);
g——重力加速度,取 9.806 m/s^2。

5.4.3 实验仪器与设备

离心泵实验装置主要由储水箱、不锈钢管、各种阀门或管件、涡轮流量计、真空表和压力表、测功用的马达天平测功器、转速传感器等组成。

本实验的介质为水,由储水箱经离心泵供给,流经实验装置后的水通过管道流回储水箱循环使用。

水的流量用装在测试装置管的涡轮流量计测量,并在控制台的仪表上读数。泵进出口的压强可直接读自真空表和压力表,也可从控制台上的仪表读取数据。

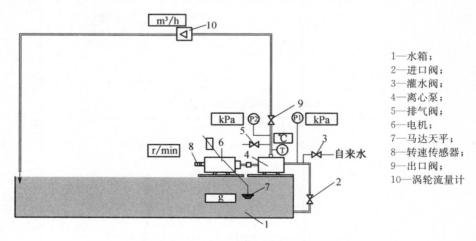

1—水箱;
2—进口阀;
3—灌水阀;
4—离心泵;
5—排气阀;
6—电机;
7—马达天平;
8—转速传感器;
9—出口阀;
10—涡轮流量计

图 5-8 一种多功能开式泵实验装置简图

5.4.4 实验操作要点

(1) 在测取实验数据之前,泵应在规定转速下和工作范围内进行试运转,对轴承和填料的温升、轴封泄漏、噪声和振动等情况进行全面检查,一切正常后方可进行实验。试运转时间一般为 15～30 min。若泵需进行预备性实验时,试运转也可以结合预备实验一起进行。

（2）实验时通过改变泵出口调节阀的开度来调节工况。实验点应均布在整个性能曲线上，实验的最大流量至少要超过泵的规定最大流量的 15％。

（3）对应每一工况，都要在稳定运行情况下测取全部实验数据，并详细填入专用的记录表内。实验数据应完整、准确，对有怀疑的数据要注明，以便校核或重测。

（4）在确认应测的数据无遗漏、无错误时方可停止实验，为避免错误和减少工作量，数据整理和曲线绘制可与实验同步进行。

5.4.5　实验步骤

（1）打开总电源空气开关，打开仪表电源开关，接通仪表电源；打开三相空气开关，把离心泵电源转换开关旋到"直接"位置，即为由电源直接启动，这时离心泵停止按钮灯亮。

（2）关闭离心泵进口阀门 2 和出口阀 9，然后打开排气阀 5 和灌水阀 3，对水泵进行灌水（注意：灌水阀门要慢慢打开，且只能打开一定的程度，不要开的太大，否则会损坏压力传感器）。灌好水后关闭泵的灌水阀 3、排气阀 5。

（3）当一切准备就绪后，按下离心泵启动按钮，启动离心泵按钮绿灯亮，开始进行实验。

（4）打开泵的进口阀 2，然后缓缓打开泵的出口阀 9（全开），这时流量达到最大值。

（5）实验：调节流量调节阀 9，可从流量最大做到最小，也可从流量为零做到最大，根据实验装置的测量范围，合理确定实验点。在仪表台上读取电机转速 n，流量 Q，水温 t，进口真空度 P_1 和出口压力 P_2 等一组数据并记录。本实验测得数据不少于 8 组记录数据。

（6）实验完毕时一定要先把挂盘取下。关闭水泵出口阀，再按下仪表台上的水泵停止按钮，停止水泵的运转。关闭总电源开关，记录泵的牌号规格。

（7）整理好实验数据，对实验数据进行处理，确定实验结果是否正确。

5.4.6　实验记录与结果处理

设备编号：_____，平均水温：_____。

表 5-2　　　　　　　　　　　离心泵特性曲线测定实验数据记录

序号	进口压强 P_1/kPa	出口压强 P_1/kPa	流量 /(m³·h⁻¹)	转速 /(r·min⁻¹)	水温 /(℃)

表 5-3　　　　　　　　　　　　离心泵特性曲线测定数据结果

序号	Q /(m³·s⁻¹)	H /m	N /kW	$N=2\,900(\text{r/min})$			
				$Q'/(\text{m}^3\cdot\text{s}^{-1})$	H'/m	N'/kW	η

5.4.7　实验报告

（1）在同一张坐标纸上描绘一定转速下的 $H\text{-}Q$、$N\text{-}Q$、$\eta\text{-}Q$ 曲线；

（2）分析实验结果，确定离心泵较适宜的工作范围。

思 考 题

1. 试根据所测实验数据进行分析，离心泵在启动时为什么要关闭出口阀门？

2. 启动离心泵之前为什么要灌水？如果泵灌水后，泵在启动后还不能送水（即无水流出），你认为可能的原因是什么？

3. 为什么用泵的出口阀门调节流量？这种方法有什么优缺点？是否还有其他方法调节流量？

4. 离心泵启动后，泵的出口阀门如果打不开，压力表读数是否会逐渐上升？为什么？

5. 正常工作的离心泵，在其进口管路上安装阀门是否合理？为什么？

6. 试分析用清水泵输送密度为 1 200 kg/m³ 的盐水（忽略黏度的影响），在相同流量下泵的压力是否变化？轴功率是否变化？

5.5　实验十　罗茨鼓风机性能实验

罗茨鼓风机作为一种典型的气体增压与输送机械，罗茨鼓风机在其特定压力区域内具有广泛的适用特性，特别适合于在水处理系统中鼓风曝气等工艺环节中应用。由于其结构简单、制造容易、操作方便、使用周期长等特点，在水处理领域中使用范围愈加广泛。本实验可使学生对罗茨鼓风机性能有更深刻地认识。

5.5.1　实验目的

（1）测绘风机的特性曲线 $p\text{-}Q$、$P_a\text{-}Q$ 和 $\eta\text{-}Q$。

（2）掌握风机的基本实验方法及其各参数的测试技术。

（3）了解实验装置及主要设备和仪器仪表的性能及其使用方法。

5.5.2 实验原理

由风机理论及其基本实验方法可知,风机在某一工况下工作时,其全压 p、轴功率 P_a、总效率 η 与流量 Q 有一定的关系。当流量变化时,p、P_a 和 η 也随之变化。因此,可通过调节流量获得不同工况点的 Q、p、P_a 和 η 的数据,再把它们换算到规定转速和标准状况下的流量、全压、轴功率和效率,就能得到风机的性能曲线。

5.5.2.1 实验参数测量

1. 温度测量

（1）大气温度测量。通常采用干-湿球温度计测量大气温度。两支相同的水银温度计,一支的感温泡用浸在水中的湿纱布包着,称为湿球温度计;另一支的感温泡不包湿纱布,称为干球温度计。两支温度计上的读数,分别称为湿球温度和干球温度。

（2）气流温度测量。对气流温度,包括进气温度、排气温度和孔板上游温度,通常采用热电偶或水银温度计测量。温度计可垂直插入管内,插入深度为管道直径的 1/3 或 100 mm 左右(两者之中取小者);也可逆流斜倾,但不得倒置或水平放置。为防止温度计损坏或被高压气体鼓出,可使用带薄壁保护套的温度计。另外,鼓风机进气温度和真空泵孔板上游温度近似等于大气干球温度。

2. 压力和压差测量

（1）大气压力测量。对于当地大气压(绝对压力),一般用水银大气压力计测量。

（2）孔板压差测量。将 U 型管两端接到扎板上、下游测压接头上,构成压差计,即可对孔板压差进行测量。

（3）气流压力测量。对气流压力,包括进气压力、排气压力和孔板上游压力,可采用 U 型管液柱压力计测量。为测量鼓风机排气压力(或真空泵进气压力),通常在管道上设置取压环室,环室通过管壁上的取压孔与管内相通。此处表压较高,一般利用 U 型管水银压力计进行测量。水银在空气中容易生锈和蒸发,通常往 H 型管两端加入几滴清水,使水银与空气隔绝。

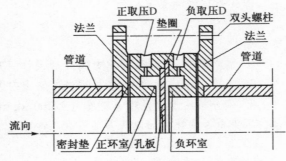

图 5-9 取压环室示意图

鼓风机进气压力近似等于当地大气压,真空泵排气压力可用 U 型管水柱压力计测量。对孔板上游表压,可采用三通接头,从孔板节流装置上游取压孔引出测点。测量时,U 型管一端与测压接头连接,另一端与大气相通。

3. 流量测量

罗茨鼓风机的流量,一般采用角接取压孔板节流装置测量。其中,孔板上、下游取压孔的位置,分别位于孔板前、后端面处。按照取压孔的构造,分为环室取压与单独钻孔取压两种方式。

首先测出孔板压差 h 及其上游压力 P_1、上游温度 t_1,然后根据这些参数,利用孔板流量

系数 α 和空气膨胀修正系数 ξ 计算流量。

（1）孔板流量系数 α。在 $10^5 \leqslant Re \leqslant 2 \times 10^6$，$0.05 \leqslant \beta^2 \leqslant 0.64$ 及 $50 \text{ mm} < D_n < 1\,000 \text{ mm}$ 时，可按 β^2 值及图 5-10 确定流量系数 α。其中 Re 为测试管道内的雷诺数，计算公式为：

$$Re = \frac{\upsilon \cdot D_n}{\gamma} \qquad (5-13)$$

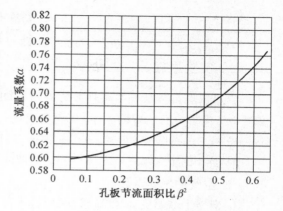

图 5-10　孔板流量系数

式中　υ——管道内的空气流速（m/s）；

　　　D_n——管道内径（m）；

　　　γ——空气的运动黏度（表 5-4）（m^2/s）。

表 5-4　　　　　　　　　　　空气的运动黏度

$t_1/(^\circ\text{C})$	0	20	40	60	80	100	120	140
$\gamma \times 10^6/(\text{m}^2 \cdot \text{s}^{-1})$	13.2	15.0	16.9	18.8	20.9	23.0	25.2	27.4

（2）空气膨胀修正系数 ε，是一个考虑气体压缩性影响的系数，与节流前后的压力比 p_2/p_1、节流面积比 β^2 及绝热指数 k 有关。在 $k=1.4$，$0.1 \leqslant \beta^2 \leqslant 0.7$ 及 $50 \text{ mm} \leqslant DN \leqslant 1\,000 \text{ mm}$ 时，可按压力比 p_2/p_1 及图 5-11 确定 ε 的数值。

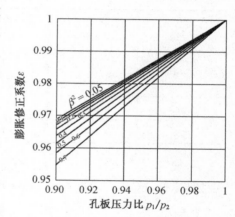

图 5-11　空气膨胀修正系数

4. 转速测量

通常使用光电测速仪或者附秒表计时的转速计测量转速。每一工况下，对转速应测试 2~3 次，然后以平均值为测定值。较为常用的是非接触式数字转速表，它是按反射式光电转速传感器原理制造的测速仪。使用时，打开转速表电源开关将表头光窗发出的可见光，对准贴在鼓风机转轴（或皮带轮端面）上的反射标志，从显示窗可读出转速的数字。

5. 轴功率测量

轴功率可采用转矩转速仪测量，也可用电测法测量。轴功率的测定方法与实验九中转矩转速仪测量法和电测法的方法相同。

5.5.2.2　数据计算方法

试验中，在每一工况下对每项参数都要反复测读几次，得到一组读数。开展计算之前，先检查原始记录是否齐全，并对其有效性进行甄别。如果一种工况下同一参数各读数间波动过大或者与规定值偏差太大，超过了表 5-5 所列的范围，应予以舍弃。

表 5-5   读数波动范围

测量参数	各读数与其平均值间允许的最大波动范围	测量参数	各读数与其平均值间允许的最大波动范围
进气压力	±1%	转速	±1%
排气压力	±1%	孔板上游温度	±2℃
进气温度	±2℃	孔板压差	±2%

1. 流量计算

(1) 空气的气体常数。

① 根据干球温度 t_d 和湿球温度 t_w，从表 5-6 中可以查出空气的相对湿度 φ。

② 空气的气体常数为

$$R = \frac{287}{1 - 0.378\,4\varphi \cdot P_{ws}/P} \quad (J/(kg \cdot K)) \qquad (5-14)$$

式中 P_{ws}—— 饱和空气中的水蒸气压力（表 5-7）(Pa)；

　　　　P—— 空气的绝对压力(Pa)。

表 5-6 1×10^5 Pa 时饱和空气中的水蒸气压力

干球温度 $t_a/℃$	水蒸气压力 P_{ws}/Pa	干球温度 $t_a/℃$	水蒸气压力 P_{ws}/Pa	干球温度 $t_a/℃$	水蒸气压力 P_{ws}/Pa
−20	103	0	611	20	2 337
−15	165	5	872	25	3 167
−10	259	10	1 227	30	4 241
−5	401	15	1 704	35	5 622

一般,以空气在 1 个标准大气压(101.325 kPa)、20℃ 及相对湿度为 50% 时的气体常数为计算依据,取 $R = 288.27$ J/(kg · K)。

表 5-7   空气相对湿度查算表

$t/℃$ ＼ Δt	0	1	2	3	4	5	6	7	8	9	10	11	12	13	14	15
35	100	93	87	80	75	70	66	61	58	54	50	47	44	41	39	36
34	100	93	87	80	75	70	66	60	57	53	50	46	43	40	38	35
33	100	93	87	80	75	70	65	60	57	53	49	46	43	40	37	35
32	100	93	86	80	74	69	65	60	56	52	49	45	42	39	36	34
31	100	93	86	79	74	69	64	59	55	51	48	44	41	38	35	33
30	100	93	86	79	73	68	63	59	54	50	47	43	40	37	34	32
29	100	93	86	79	73	68	63	58	54	50	46	42	39	36	33	31
28	100	92	85	79	73	67	62	57	53	49	45	42	38	35	33	30
27	100	92	85	78	72	67	61	57	52	48	44	41	37	34	32	29

（续表）

Δt $t/℃$	0	1	2	3	4	5	6	7	8	9	10	11	12	13	14	15
26	100	92	84	77	72	66	61	56	51	47	43	40	36	33	30	28
25	100	92	84	77	71	65	60	55	50	46	42	39	35	32	29	27
24	100	92	84	77	71	65	59	54	49	45	41	38	34	31	28	26
23	100	91	84	76	70	64	58	53	48	44	40	36	33	30	27	24
22	100	91	83	76	69	63	57	52	47	43	39	35	32	29	26	23
21	100	91	83	75	68	62	56	51	46	42	38	34	30	27	24	22
20	100	91	82	75	68	61	55	50	45	40	36	33	28	25	23	20
19	100	91	82	74	67	60	54	49	44	39	35	31	28	24	22	
18	100	90	81	73	66	59	53	48	42	38	34	30	25	23	20	
17	100	90	81	73	65	58	52	46	41	36	32	28	25	21		
16	100	90	80	72	64	57	51	45	40	35	30	26	23	20		
15	100	89	80	71	63	56	50	46	38	33	29	25	21			
14	100	89	79	70	62	55	48	42	36	31	27	23	19			
13	100	89	78	69	61	53	46	40	35	30	25	21				
12	100	88	78	68	60	52	45	39	33	28	23	19				
11	100	88	77	67	58	50	43	37	31	26	21	17				
10	100	88	76	66	57	49	41	35	29	23	19					
9	100	87	75	65	55	47	39	33	26	21						
8	100	87	74	64	54	45	37	30	24	18						
7	100	86	73	62	52	43	35	28	21							
6	100	85	72	61	50	41	33	25	19							
5	100	85	71	59	48	39	30	23	16							
4	100	84	70	57	46	36	27	10								
3	100	84	68	56	44	34	24	16								
2	100	83	67	54	41	34	21									
1	100	82	66	51	39	28	18									
0	100	81	64	49	36	25	14									
−1	100	80	62	47	33	21										
−2	100	79	60	44	30	17										
−3	100	78	58	41	26											
−4	100	77	56	38	22											
−5	100	75	53	36	18											
−6	100	74	51	34	14											
−7	100	72	48	27												
−8	100	71	46	23												
−9	100	69	42	18												
−10	100	67	38	18												

（2）空气密度

① 进气密度为

$$\rho_s = \frac{P_s}{R \cdot T_s} \quad (\text{kg/m}^3) \tag{5-15}$$

式中　T_s——进气温度(K)；

　　　P_s——进气压力(绝对压力)(Pa)。

不考虑湿度的差异，也可按下式计算

$$\rho_s = 1.2 \times \frac{293}{T_s} \cdot \frac{P_s}{101\,325} \quad (\text{kg/m}^3) \tag{5-16}$$

② 孔板上游空气密度为

$$\rho_l = \frac{P_l}{R \cdot T_l} \quad \text{或} \quad \rho_l = 1.2 \times \frac{293}{T_l} \cdot \frac{P_s}{101\,325} \quad (\text{kg/m}^3) \tag{5-17}$$

式中　T_l——孔板上游空气温度(K)；

　　　P_l——孔板上游空气压力(绝对压力)(Pa)。

（3）实测流量为

$$Q_s = \frac{15\pi\alpha \cdot \xi \cdot d_n^2 \sqrt{2\rho_l \cdot \Delta P_n}}{\rho_s} \quad (\text{m}^3/\text{min}) \tag{5-18}$$

式中　α——孔板流量系数，按节流面积比 β^2 由表5-18查得；

　　　f——流束膨胀系数，按 β^2 和孔板压力比(P_2/P_1)由图5-9查得；

　　　d_n——孔板开孔直径(m)；

　　　ρ_l——孔板上游气体密度(kg/m³)；

　　　ΔP_n——孔板上、下游压差(Pa)。

当孔板压差以 U 型管两端液面高度差 A 表示时，可按下式作单位换算：

$$\Delta P_n = g\rho \cdot h \quad (\text{Pa}) \tag{5-19}$$

式中　g——重力加速度(-9.807 m/s^2)；

　　　h——U 型管两端液面的高度差(m)；

　　　ρ——液体密度(kg/m³)；清洁水 $\rho \approx 1\,000 \text{ kg/m}^3$，水银 $P \approx 13\,600 \text{ kg/m}^3$。

（4）试验工况下的泄漏流量为

$$Q_b = Q_{th} - Q_s \quad (\text{m}^3/\text{min}) \tag{5-20}$$

式中　Q_{th}——试验转速下的理论流量，按下式计算为

$$Q_{th} = 2n \cdot Z \cdot V_0 \quad (\text{m}^3/\text{min})$$

式中　n——鼓风机的转速(r/min)；

　　　Z——叶轮头数；

　　　V_0——基元容积(m³)。

(5) 不考虑湿度的影响,标准吸入温度(20℃)及额定压力下的泄漏量为

$$[Q_b] = Q_b \sqrt{\frac{293}{T_b} \cdot \frac{[\varepsilon]-1}{\varepsilon-1}} \quad (\mathrm{m^3/min}) \tag{5-21}$$

式中　$[\varepsilon]$——额定压力比;

　　　ε——试验工况下的压力比。

(6) 额定转速下的理论流量为

$$[Q_{th}] = \frac{[n]}{n} \cdot Q_{th} \quad (\mathrm{m^3/min}) \tag{5-22}$$

式中　n——试验转速(r/min);

　　　$[n]$——额定转速(r/min)。

(7) 额定工况下的实际流量为

$$[Q_s] = [Q_{th}] - [Q_b] \tag{5-23}$$

2. 容积效率计算

(1) 试验工况下的容积效率为

$$\eta_V = \frac{Q_s}{Q_{th}} \times 100\% \tag{5-24a}$$

(2) 额定工况下的容积效率为

$$[\eta_V] = \frac{[Q_s]}{[Q_{th}]} \times 100\% \tag{5-24b}$$

3. 轴功率计算

(1) 采用转矩仪测量时,实测轴功率为

$$N_{sh} = 1.047 \times 10^{-4} M_i \cdot n \quad (\mathrm{kW}) \tag{5-25}$$

式中,M_i 为鼓风机的输入扭矩(N·m)。

采用电测法(两表法)测量时,鼓风机实测轴功率为

$$N_{sh} = N_e \cdot \eta_e \eta_c \quad (\mathrm{kW}) \tag{5-26}$$

式中　N_e——电机输入功率(kW);

　　　η_e——电机在试验工况下的效率;

　　　η_c——电机与鼓风机传动效率,一般联轴器传动取 99%,三角皮带传动取 95%。

(2) 在实测转速与额定转速、实测升压与额定升压差别不大的情况下,可按下式计算额定工况下的轴功率:

$$[N_{sh}] = N_{sh} \cdot \frac{[n]}{n} + ([\Delta P] - \Delta P)[Q_{th}]/60 \quad (\mathrm{kW}) \tag{5-27}$$

式中　$[\Delta P]$——额定升压(kPa);

　　　ΔP——试验工况下的升压测定值(kPa)。

4. 容积比能计算

（1）试验工况下的容积比能为

$$q = \frac{N_{sh}}{Q_s} \quad (kW \cdot min/m^3) \tag{5-28a}$$

（2）额定工况下的容积比能为

$$[q] = \frac{[N_{sh}]}{[Q_s]} \quad (kW \cdot min/m^3) \tag{5-28b}$$

5.5.3 实验装置及测试仪器

罗茨鼓风机实验装置如图 5-12 所示，主要测试仪器包括：

（1）风机，RZW。

（2）三相功率表，D33-W。

（3）转速表，LZ-30。

（4）集流器，锥形，锥角 $\theta = 60°$，集流器系数 $\varphi = 0.98$。

（5）测压计，U 型管压差计，工作液体为水。

（6）空盒气压表，DYM3。

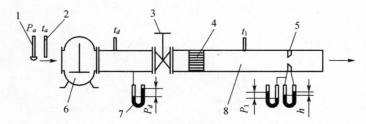

1—大气压力计；2—温度计；3—压力调节阀；4—导流器；5—孔板节流装置；
6—鼓风机；7—U 型管液柱压力计；8—测试管道

图 5-12 罗茨鼓风机实验装置

5.5.4 实验要点

（1）试验前，应对仪器、仪表进行校正，对试验装置的连接情况进行检查，对鼓风机的转子间隙进行测量，盘车，并查看油路、水路是否畅通等。

（2）在压力调节阀全开的状态下作空载试验，观察鼓风机运转方向是否正确，有无异常发热、异常振动及异常响声，停车后检查转子间隙有无变化等。

（3）原则上，应在规定转速下进行试验。

（4）必须在规定压力下进行试验。每次升压，应从低到高逐步进行调节，不宜一次跃升到很高的升压，调压幅度一般为 9.8 kPa。

（5）对于温度，应在规定的运转条件下，待其稳定之后进行测定。

（6）每一工况下的各项参数应多测几次（一般 3 次或 3 次以上），然后以几次测定的有效数据的算术平均值作为计算数据。每次测量时，各项参数应同时读取。

（7）对鼓风机，在进气口敞开于大气的状态下进行试验。

5.5.5 实验步骤

（1）校对仪器仪表，检查风管、导流器、测压管等管道连接。将调节阀全开，启动风机，观察鼓风机运转方向是否正确，有无异常发热、异常振动及异常响声。如无异常，关闭风机，可开始实验。

（2）启动风机，调节阀处于全开状态，此时风量达到最大值。待各项参数稳定后，记录测功天平、压强、温度、转矩、转速等数据。

（3）调节风量调节阀，使调节阀前（风机出口）风压升高约 9.8 kPa，待各项实验参数稳定后，记录数据。然后重复上述实验过程。本实验测得数据不少于 8 组记录数据。

（4）实验完毕，关闭风机电源，关闭总电源开关。

（5）整理好实验数据，对实验数据进行处理，确定实验结果是否正确。

5.5.6 实验记录与结果处理

设备编号：_____，平均气温：_____，空气湿度_____。如表 5-8、表 5-9 所示。

表 5-8　　　　　　　　　　　离心泵特性曲线测定实验数据记录

序号	出口压强 P_l/kPa	气流温度 T_l/℃	孔板前压 P_l/kPa	孔板后压 P_b/(kPa)	转速 /(r·min^{-1})	转矩 M_i/(N·m)

表 5-9　　　　　　　　　　　离心泵特性曲线测定数据结果

序号	ΔP/kPa	Q_s /(m^3·s^{-1})	N_{sh} /kW	q /(kW·min·m^{-3})

5.5.7　实验报告

（1）在同一张坐标纸上描绘一定转速下的 Q_s-ΔP，N_{sh}-ΔP，q-ΔP 曲线；

（2）分析实验结果，确定风机较适宜的工作范围。

思　考　题

1. 试说明孔板流量计的测量原理？

2. 调节阀完全关闭时，风机出口压力是否会逐渐上升？为什么？

3. 罗茨鼓风机性能曲线与离心风机有什么差异？试从原理上加以解释。

第6章　过程控制与自动化基础实验

6.1　实验十一　基本控制仪器设备的认识与使用——变频器

变频器是把电压和频率固定不变的交流电变换为电压或频率可变的交流电的装置。

为了产生可变的电压和频率，首先要把电源的交流电变换为直流电（DC），再把直流电变换为交流电（AC），经过变换产生的交流电是可以控制其电压或频率的。这样的装置，叫作"逆受器"（inverter）。由于变频器设备中产生变化的电压或频率的主要装置是这种逆变器，所以该产品就被命名为"inverter"，即我们所说的变频器。

微处理器的进步使数字控制成为现代控制器的发展方向。运动控制系统是快速系统，特别是交流电动机高性能的控制需要存储多种数据和快速实时处理大量信息。近几年来，国外各大公司纷纷推出以 DSP（数字信号处理器）为基础的内核，配以电机控制所需的外围功能电路，集成在单一芯片内的称为 DSP 单片电机控制器，价格大大降低，体积缩小，结构紧凑，使用便捷，可靠性提高。

DSP 和普通的单片机相比，处理数字运算能力更强，可以确保系统有更优越的控制性能。数字控制使硬件简化，柔性的控制算法使控制具有很大的灵活性，可实现复杂控制规律，使现代控制理论在运动控制系统中应用成为现实，易于与上层系统链接进行数据传输，便于故障诊断、加强保护和监视功能，使系统智能化，有些变频器具有自调整功能。

本实验系统采用三菱 FR-S500 型变频器和小型清水离心泵，扬程约 10 m，使用 220 V 电源。在水泵出水口装有压力变送器，可与变频器一起可构成恒压变频供水系统。

6.1.1　实验目的

（1）初步了解三菱 FR-S500 型变频器的硬件结构和基本操作方法。
（2）学习通过变频器改变离心泵流量来测绘管路特性曲线的方法。
（3）认识变频器的作用及工作特点。

6.1.2　实验原理

6.1.2.1　变频器的工作原理

变频器主要由整流器、逆变器、中间直流环节和控制电路四部分组成（图 6-1）。

1. 整流器

电网侧的变流器 I 是整流器，它的作用是把三相（也可以是单相）的交流电整流成直流。

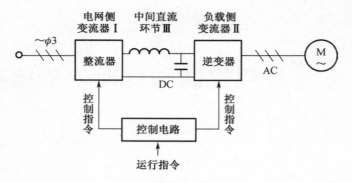

图 6-1　变频器的基本结构

2. 逆变器

负载侧的变流器Ⅱ称为逆变器。最常用的结构是利用 6 个半导体开关器件组成的子桥式逆变电路。有规律的控制逆变器中各主要开关的通与断,可以得到任意频率的三相交流输出(图 6-2)。

3. 中间直流环节

由于逆变器的负载是电动机,中间环节与电动机之间总有无功功率的交换,这种无功能量要靠中间直流环节的储能元件来缓冲。所以中间直流环节又称为中间直流储能环节。

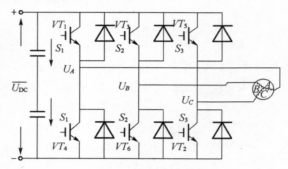

图 6-2　三相逆变器电路

4. 控制电路

控制电路通常由运算电路,检测电路,控制信号的输入、输出和驱动电路等构成。控制方法有模拟控制和数字控制。高性能的变频器目前已采用微处理器进行全数字控制。

变频器的工作原理被广泛应用于各个领域。用于电机控制的变频器,既可以改变电压,又可以改变频率。

6.1.2.2　变频调速的基本控制方式

由电机拖动可知,交流异步感应电机的转速、电势和转矩公式分别为

$$n = \frac{60 f(1-s)}{p}$$

$$E_1 = C_E f_1 \varphi \qquad\qquad (6\text{-}1)$$

$$T = C_T I_2 \varphi$$

式中　　f_1——定子电流频率;

$\quad\quad\ E_1$——相电势;

$\quad\quad\ C_E$——电势常数;

$\quad\quad\ C_T$——转矩常数;

$\quad\quad\ I_2$——转子电流。

若连续改变定子电流频率 f_1，则可以对应地改变电机的参数。

在频率增加而电压保持不变的情况下，随着转速升高，气隙磁通 φ 将减少，导致电流允许输出的转矩下降。反之，在频率减小而电压保持不变的情况下，随着转速下降，气隙磁通 φ 将增多导致电机磁路饱和，会加剧损耗、恶化运行条件。

由式(6-1)可知，φ 由 E_1 和 f_1 共同决定，只要对 E_1 和 f_1 进行适当的控制，就可以使气隙磁通 φ 保持额定值不变。

6.1.2.3　变频器的基本使用方法

通上电后，将控制台上变频器的内、外控双掷开关掷到内控端，则可以设置参数，或直接使用变频器进行控制。当双掷开关掷到外控时，变频器将接受外部信号，由 4～20 mA 的电流来控制频率的大小。

当处于内控状态时，PU 灯点亮。旋转○可设置频率，按⒭键即可运行。运行时 RUN 灯点亮。

实行外控时需在变频器内控状态下，将变频器工作方式设为外控，即按⒭键使 EXT 灯点亮，再将面板上的双掷开关掷到外控端，则变频器开始工作，运行时 RUN 灯点亮。外控状态下无法更改参数。

按⒭可使变频器停止运行。

图 6-3　变频器外观示意图

6.1.2.4　参数说明

变频器的参数设定在调试过程中是十分重要的。如果参数设定不当，不仅不能满足生产的需要，还会导致启动、制动的失败，或工作时常跳闸，严重时会烧毁功率模块 IGBT 或整流桥等器件。

变频器的品种不同，参数的数量也不同。一般单一功能控制的变频器有 50～60 个参数，多功能控制的变频器有 200 个以上的参数。不论参数多或少，在调试中并不需要把全部的参数更新调整，大多数可以不做改动，只要按出厂值就可以满足使用要求。

我们使用变频器，只要重新设定原出厂值与实际情况不合适的那部分参数即可。通常只要调整外部端子操作、模拟量操作、基底频率、最高频率、上限频率、下限频率、启动时间、制动时间（及方式）、热电子保护、过流保护、载波频率、失速保护和过压保护等。这些参数必须与实际情况一致。如果运转不合适时，还应该调整其他参数。

6.1.2.5　管路特性曲线的测定

当离心泵在特定的管路系统中工作时，实际的工作压头和流量不仅与离心泵本身的性能有关，还与管路特性有关。

对于一定开度的阀门和特定的管路系统，管路特性方程 $H = K + BQ^2$ 中的 K、B 均为常数，故压头 H 与流量 Q 成正比，若将此关系标绘在相应的坐标纸上，得到的 $H-Q$ 曲线称为管路特性曲线。本实验的管路特性曲线测定是在出口阀门开度一定的条件下，通过改变泵的转速来实现的。

6.1.3　实验仪器与设备

本实验采用实验九所使用的离心泵实验装置(图 5-8)，将三菱 FR-S500 型变频器连接在离心泵电源上，通过改变交流电源频率改变离心泵转速。

6.1.4 实验步骤

（1）打开总电源空气开关，打开仪表电源开关，接通仪表电源；打开三相空气开关，把离心泵电源转换开关旋到"直接"位置，即为由电源直接启动，这时离心泵停止按钮灯亮。

（2）关闭离心泵进口阀门 2 和出口阀 9，然后打开排气阀 5 和灌水阀 3，对水泵进行灌水，灌好水后关闭泵的灌水阀 3、排气阀 5。

（3）按下离心泵启动按钮，启动离心泵按钮绿灯亮。打开泵的进口阀 2，然后缓缓打开泵的出口阀 9 至某一固定位置，记录各项实验数据。（各项实验参数测定方法参见实验九。）

（4）测量管路特性曲线时，手动调节变频器，使离心泵电源频率降低 3 Hz，使管路特性改变，待离心泵和管路状态稳定后，测量各项参数数据。电源频率调节范围为 20～50 Hz。测取 9～10 组数据并记录泵入口真空度、泵出口压强、流量计读数和水温。

（5）实验完毕，关闭已打开的所有设备电源。

6.1.5 注意事项

使用变频调速器时一定注意 FWD 指示灯亮，切忌按"FWD REV"键使 REV 指示灯亮，电机反转。

6.1.6 数据记录与结果处理

表 6-1　　　　　　　　　　　离心泵管路特性曲线测定数据

实验装置编号：_____　实验开始时的水温：_____℃　　实验结束时的水温：_____℃
平均水温：_____℃　平均温度下的黏度：___Pa·s　平均温度下的密度：_____kg/m³

序号	电机频率/Hz	流量/(m³·h⁻¹)	入口压力/MPa	出口压力/MPa	压头/m

思 考 题

1. 变频器的基本原理是什么？
2. 变频器主要有哪些参数需要进行设定？

6.2 实验十二 数字调节器的基本操作

6.2.1 实验目的

（1）了解数字调节器使用方法、工作方式和参数设置功能。
（2）学会如何根据传感器来选择测量代码和量程。

（3）掌握数字调节器各子窗口参数的含义和调节方法。

（4）了解调节器外部基本接口功能。

6.2.2　实验仪表及设备原理

6.2.2.1　仪表设备简介

（1）液位温度系统控制仪。该仪器主要是由数字调节器、变送器、稳压电源和固态继电器等构成的实验系统，主要完成液位、温度的测量与控制功能。实验中使用的仪器外观如图6-4所示。

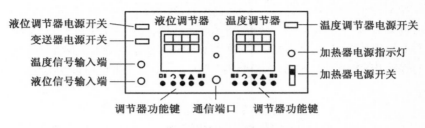

图 6-4　液位温度系统控制仪面板

使用该仪器之前，应仔细观察和了解各开关、按键、端口和指示灯的作用和含义，避免误操作。

（2）SR73A 数字调节器。SR73A 数字调节器是一种带有测量、通信（可选）和 PID 控制的小型、智能化仪表。根据用户的选择，可对温度、电流、电压以及多种其他物理量进行测量、控制和报警。其内部结构和基本功能如图 6-5 所示。

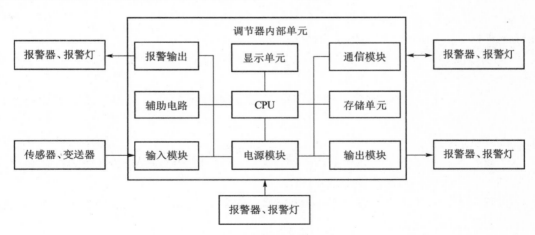

图 6-5　SR73A 数字调节器内部结构和基本功能

6.2.2.2　SR73A 数字调节器面板说明

该仪表的全部可操作窗口按功能可分为 3 种模式：

（1）方式 0 窗口群（含有 6～7 个子窗口）。

（2）方式 1 窗口群（含有 13～18 个子窗口）。

（3）方式 2 窗口群（含有 2 个子窗口）。

每一个窗口群中又根据不同的要求含有若干个子窗口,共计约有 28 个子窗口,具体面板各器件定义如图 6-6 所示。

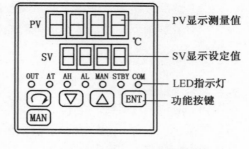

图 6-6　SR73A 数字调节器面板

1. PV 显示测量值(绿色)

在方式 O 的基本窗口中显示当前测量值。在每一个参数屏上显示参数类型。

2. SV 显示设定值(红色)

在方式 0 的基本窗口中显示设定值。在每一个参数屏上显示相应的栏目和设定值。

3. 发光二极管(LED)

(1) OUT 输出指示 LED(绿色)。接触器或 SSR(固态继电器)驱动输出。灯亮时输出为 ON,灯灭时输出为 OFF。对于电流或电压输出,指示灯的亮度与其相应的输出量成正比。

(2) AT 自整定指示 LED(绿色)。在自整定过程中,此指示灯闪烁。

(3) AH 报警输出指示 LED(红色)。上限报警指示。

(4) AL/HB 报警输出指示 LED(红色)。下限或加热器断线时报警指示。

(5) MAN 手动调节输出 LED(绿色)。当调节输出选择在手动调节状态下时,此指示灯闪烁。

(6) STBY 停止调节输出 LED(绿色)。当调节输出选择在停止状态时,此指示灯闪烁。

(7) COM 通信状态 LED(绿色)。当仪表处于通信状态下时,此指示灯发光。

4. 功能键按钮

(1) 循环键◯　循环转换到下一个子窗口。按住此键 3 s 后,则进入到方式 0 基本窗口群与方式 1 参数窗口群之间的相互切换功能。

(2) 下减键▽　减小数字型或改变字符型参数,按下此键后台使得末位数码的小数点闪烁。

(3) 上增键△　增加数字型或改变字符型参数,按下此键后台使得末位数码的小数点闪烁。

(4) 确认键ENT:

① 在方式 0 的基本窗口群和方式 1 的参数窗口群里,可以确认△▽键所引起的参数改变,同时熄灭末位数码后闪烁的小数点。

② 在方式 2 的初始化窗口群中,确认小数点闪烁处的数码,同时移动小数点到下一位数码。

③ 在方式 2 的量程选择窗口中,确认数字或者改变量程(最右列的两个小数点会同时闪烁)。

④ 按住此键 5 s 后,方式 0 的基本窗口群与方式 2 的初始化窗口群之间可以相互转换。

(5) 手动键MAN:

① 此键可以使自动控制输出和手动调节输出之间相互转换,在手动调节输出时MAN指示灯闪烁。

② 在无调节输出状态下,MAN键不起作用。

6.2.2.3　窗口操作说明

调节器通电后大约在 1.5 s 内,会对各个数码进行上电初始化,然后转入方式 0 基本窗口群(表 6-2)。

表 6-2　　　　　　　　　　　　　窗口操作说明

仪表上电 ↓	仪表类型:SR73A
73A　　tc ↓	输入类型:tc(热电偶)　　Pt(铂电阻) RA(电流 mA)　　RV(电压 mV) HV(电压 V)
out　　y ↓	输出类型:Y 继电器节点 I 电流 P 固态继电器 V 电压
0　　1 2 0 0	量程下限:0 量程上限:1 200

2. 窗口之间的切换

(1) 方式 0 窗口群与方式 1 窗口群间的转换:在方式 0 的基本子窗口中,按住 ⟳ 键 3 s 后,就会从方式 0 窗口群转换到方式 1 窗口群的直接选择子窗口。反之,用同样的方法也可以从方式 1 窗口群转换到方式 0 窗口群。

20	← ⟳ →	PArA
0	3 s	0

(2) 方式 0 窗口群与方式 2 窗口群间的转换　在方式 0 的基本子窗口中,按住 ⟳ 键 5 s 后,就会从方式 0 窗口群的基本子窗口转换到方式 2 窗口群的功能选择子窗口。反之,用同样的方法也可以从方式 2 窗口群转换到方式 0 窗口群。

20	← ENT →	95.r
0	5 s	1

(3) 方式 0 窗口群中子窗口之间的转换:按 ⟳ 键,可以实现子窗口的顺序、循环转换。

(4) 方式 1 窗口群中子窗口的转换,有两种方法:一种与上述方式 0 窗口群的操作方法相同;另一种是在第一屏的子窗口选择中,直接输入子窗口的数码。

例如:直接转到第 8 号的 PV 偏差补偿设定子窗口方法如下:

PArA	△	PArA	ENT	PV_b
0	→	8		0

(5) 方式 2 窗口群中的功能选择子窗口:

① 当功能选择子窗口显示时,被选中数码的小数点就会闪烁。

② 按ENT键,被选中数码的小数点就会依次移动。

③ 如果要改变某一参数设置,按ENT键使其数码下的小数点闪烁,然后按△或▽键选择参数,之后再按ENT键来确认输入,同时使小数点移动到下一位。

例如:改变控制输出极性,从 r(加热方式)到 d(制冷方式)

95. r	ENT	95 r.	△	95 d.	ENT	95 d
1	→	1		1	→	1.

(6) 方式 2 窗口群中的量程输入子窗口。在功能选择子窗门中按◁┘键,就会转换到量程输入子窗口,此时上窗口数码最右端的小数点会闪烁。按△或▽键来改变下限量程,并按ENT键给予确认(表 6-3)。

① 下限量程确认之后,下窗口数码最右端的小数点就会闪烁,通过按动△或▽键可以改变上限量程。并按ENT键给予确认。

② 上限量程确认之后,上窗口和下窗口数码最右端的小数点会同时闪烁,按动△或▽键可以同时改变小数点的位置,并按ENT键给予确认。

③ 每次按动ENT键后,最右端闪烁的小数点就会按如下的方式循环移动:

上窗口→下窗口→上窗口和下窗口→上窗口→……

④ 如果输入的上、下限量程之差小于 100 或大于 5 000 时,上限量程值将会被限制到+100 或+5 000,上限值只能设置在下限值的+100~+5 000 之间。

3. 窗口与子窗口的变换

表 6-3　　　　　　　　　　　　　窗口与子窗口的变换

上电初始化
方式 0 窗口群

0-0 〔20 / 0〕◁┘	ENT 5 s 进入方式 2 窗口群 ◁┘ 3 s 进入方式 1 窗口群	(1)基本子窗口(0-0) 测量值 PV 显示:上窗口(绿色); 设定值 SV 显示:下窗口(红色); 按△▽键可以改变设定位 SV
0-1 〔20 / 50〕◁┘		(2)调节输出子窗口(0-1) 测量值 PV 显示:L 窗口; 调节输出显示:下窗口; 按◁┘键,可进行自动/手动调节之间的切换; 在手动调节状态时,按△▽键可改变输出值(0~100%); 手动调节时仪表面板上◁┘指示灯闪烁
0-2 〔cont / EXEC〕◁┘		(3) cont 控制执行/停止子窗口(0-2) 初始值:EXEC; 设定范围:EXEC,STBY; EXEc:有调节输出;STBY:无调节输出; 在无调节输出状态下时,仪表面板上的 STBY 指示灯闪烁

（续表）

上电初始化

方式 0 窗口群

0-3 At OFF 🔄		（4）At 自整定于窗口（0-3） 初始值：OFF； 设定范围：OFF，ON； 在此窗口按 △ ▽ 键进行选择，如果选择 ON，且按 ENT 键确认后，则启动 At；否则取消 At。在手动调节或无调节输出状态下时，此窗口不显示； At 启动时，仪表板面上的 At 指示灯闪烁（只有在自动调节状态下，此窗口才出现）
0-4 A H 2000 🔄		（5）AH 上限报警设定子窗口（0-4） 设定范围 绝对报警：在测量范围内。偏差报警：0～2 000； 报警类型：在方式 2 窗口中设定； 产生报警时仪表面板上有指示灯 AH 闪烁
0-5 A L －1999 🔄		（6）AL 下限报警设定子窗口（0-5） 设定范围 绝对报警：在测量范围内。偏差报警：－1 999～0； 报警类型：在方式 2 窗口中设定。产生报警时仪表面板上有指示灯 AL 闪烁
1-0 P A r A 0 🔄	🔄 3 s 进入方式 0 窗口群	（7）PArA 直接选择子窗口（1-0） 初始值：0； 选择范围：0～18； 当选定所需子窗口序号后，按 ENT 键可直接进入相应的子窗口
1-1 P 3.0 🔄		（8）P 比例带设定子窗口（1-1） 初始值：3.0%； 设定范围：OFF，0.1%～999.9%； 当 P=OFF 时，为位式调节方式，以下的三个子窗口 （1-3）（1-4）（1-5）将不显示
1-2 d F 0.3 🔄		（9）dF 灵敏度设定子窗口（1-2） 初始值：3 或 0.3； 设定范围：1～999； 用于位式调节方式下，调整调节动作的幅度； 只有当 P=OFF 时，该窗口才会显示
1-3 I 120 🔄		（10）I 积分时间设定子窗口（1-3） 初始值：120 s； 设定范围：OFF，1～6 000 s； 当 I=OFF 时，为 P 或者 PD 控制方式。在位式调节方式下，此窗口不显示

上电初始化
方式 0 窗口群

1-4		(11) D 微分时间设定子窗口(1-4)
d 30 🔄		切始值:30 s; 设定范围:OFF,0～3 600 s; D=OFF 时,为 P 或者 PI 控制方式; 在位式调节方式下,此窗口不显示
1-5		(12)Ar 手动调节补偿子窗口(1-5)
Ar 0.0 🔄		初始值:0.0%; 调节范围:-50.0%～+50.0%; 当 I=OFF 时,用于 P,PD 调节时替代积分项消除系统的静态误差; 当 I=OFF 时,该子窗口才出现
1-6		(13) SF 设定超调拟制系数子窗口(1-6)
SF 0.40 🔄		初始值:0.40(经验值); 设定范围:OFF,0.00～1.00; 用于克服 PID 控制时的超调或欠调; SF=0 时,为纯 PID 控制。SF=1 时,拟制作用最强。当 P=OFF 或 I=OFF 时,此窗口不显示
1-7		(14) PV-b 偏差补偿设定子窗口(1-7)
PV_b 0 🔄		初始值:0 或 0.0; 设定范围:-200～200; 用于传感器输入偏差补偿; 请勿乱设,以免引起测量偏差
1-8		(15) PV-F 滤波时间设定子窗口(1-8)
SV_F 0 🔄		初始值:0 s; 设定范围:0～100 s; 用于工业现场滤波,避免测量值剧烈变化; 请勿乱设,以免引起测量速度变慢,调节迟缓
1-9		(16) Lock 参数锁定设置子窗口(1-9)
Lock OFF 🔄		初始值:OFF; 设定范围:OFF, 1, 2, 3; OFF:不锁定或解除锁定; 1—仅设定值、调节输出和自整定可修改或执行; 2—仅设定值可修改; 3—所有参数被锁定
1-10		(17) O—C 输出比例周期设定子窗口(1-10)
O_C 30 🔄		初始值: 接触器输出:30 s; SSR 输出:3 s; 设定范围:1～120 s; 此窗口用于设定比例周期的时间,并不显示输出的电压或电流

（续表）

上电初始化

方式 0 窗口群

1-11 O_L 0 ↻		(18) O—L 下限输出设定子窗口(1-11) 初始值:0%; 设定范围:0～99%; 此窗口用于设定调节输出的下限值
1-12 O_H 100 ↻		(19) O—L 上限输出设定子窗口(1-12) 初始值:100%; 设定范围:1%～100%; 此窗口用于设定调节输出的上限值
1-13 S O F T OFF ↻		(20)SoFt 上电缓启动时间设定于窗口(1-13) 初始值:OFF; 设定范围:OFF,1%～100%; 上电后,调节输出将按此时间从输出下限逐渐增加,达到缓慢起动的目的
1-14 C_A d L o c L ↻		(21) C—Ad 通信方式设定子窗口(1-14) 初始值:Locl(本机方式); 设定范围:Locl, Remt; 通信方式只能由上位机控制; 在通信方式下,面板上 com 指示灯闪烁; 具有通信功能的调节器才会出现此窗口
1-15 A d d r 0 ↻		(22) Addr 通信地址选择子窗口(1-15) 初始值:0; 设定范围:0～99; 同一通信端口的仪表地址不能相同; 具有通信功能的调节器才会出现此窗口
1-16 b p s 1200 ↻		(23) bPS 通信波特率选择子窗口(1-16) 初始值:1 200 bps; 选择范围:1 200,2 400,4 800,9 600 bps; 这是仪表向上位机传输数据的速率。具有通信功能的调节器才会出现此窗口
1-17 D E L Y 80 ↻		(24) Dely 通信延时设定子窗口(1-17) 初始值:80; 设定范围:0～255; RS485 通信方式时所用延迟时间; 延迟时间(ms)=0.1×设定值; 具有通信功能的调节器才会出现此窗口

上电初始化 方式 0 窗口群		
2-0 O S. r I 🔁	ENT 3 s 进入方式 0 窗口群	(25) 功能选择于窗口(2-0) 按 ENT 键循环选择①～⑤,相应数码被选中时,其右下角的小数点会闪烁; ③⑥⑦⑧无显示或无定义; ①测量范围代码选择,01～95(参看测量范围代码表); ④调节输出极性选择; r 反作用(加热特性); d 正作用(制冷特性); ⑤报警类型选择:0～8(参看报警类型代码表); 警告:重新设定测量,将清除与其有关的所有参数
2-2 0.0 100.0 🔁		(26) 量程输入子窗口(2-1) 初始值: 下限量程(上窗口):0.0; 上限量程(下窗口):100.0; 小数点位置:0.0; 设定范围: 下限值:－1 999～9 899; 上限值:－1 899～9 999; 量程=上限值－下限值=100～5 000; 直流输入类型时(mV,V,mA),在该子窗口可分别设定上下限量程及小数点位置。其他传感器输入类型时,在该子窗口仅显示上下限量程分度,不能进行设定

6.2.2.4 报警类型代码

报警类型。代码如表 6-4 所示。

表 6-4 报警类型代码表

报警代码	上限报警配置	拟制作用	下限报警配置	拟制作用
0	未分配	—	未分配	—
1	上限偏差值	不拟制	下限偏差值	不拟制
2	上限绝对值	不拟制	下限绝对值	不拟制
3	上限偏差值	拟制	下限偏差值	拟制
4	上限绝对值	拟制	下限绝对值	拟制

说明:①拟制:当仪表通电时,测量值首次进入报警区,不报警;再次进入报警区时,才产生报警。
②不拟制:只要测量值进入报警区内就会产生报警。
③绝对值报警:动作点是测量范围内的固定值,不随设定值改变。
④偏差值报警:动作点是测量值和设定值的偏差,是跟踪设定值的随动报警方式。

6.2.2.5 仪表故障信息显示及故障原因代码

HHHH 热电偶断线,铂电阻输入端断线。
直流输入测量值超出量程上限 10%。

LLLL 直流输入测量值低于量程下限 10%。

CJHH 热电偶冷端超出＋80℃。

CJLL	热电偶冷端低于－20℃。
B□	铂电阻输入 B 端断线,或 A 和 B 端都断线。
HbHH	加热器检测电流值超过量程上限10％。
HbLL	加热器检测电流值低于量程下限10％。
□	断线报警监测设置窗口,设置为 OFF 时出现,不作为错误信息。

6.2.2.6　测量范围代码表

测量范围代码如表 6-5 所示。

表 6-5　　测量范围代码表

输入类型			代码	测量范围/℃	代码	测量范围/℉
多项输入	热电偶	B	01	0～1 800	12	0～3 300
		R	02	0～1 700	13	0～3 100
		S	03	0～1 700	14	0～3 100
		K	04	－100～400	15	－150～750
		K	05	0～1 200	16	0～2 200
		E	06	0～700	17	0～1 300
		J	07	0～600	18	0～1 100
		T	08	－199.9～200.0	19	－300～400
		N	09	0～1 300	20	0～1 100
		＊2U	10	－199.9～200.0	21	－300～400
		＊2L	11	0～600	22	0～1 100
	热电偶 R.T.D	Pt100	31	－200～600	39	－300～1 100
			32	－200～600	40	－150.0～200.0
			33	－50～50	41	－50.0～120.0
			34	0.0～200.0	42	0～400
		JPt100	35	－200～600	43	－300～1 100
			36	－100.0～100.0	44	－150.0～200.0
			37	－50.0～50.0	45	－50.0～120.0
			38	0.0～200	46	0～400
电压/mV		0～10	71			
		10～50	72			
		0～100	73			
电压/mV		0～1				
		0～5	82			
		0～10	83			
电流/mA		4～20	95			

调节器序列号代码与描述

SR73A-8 P 1-1 5 0

序列　SR73A

输入　8：热电偶、热电阻、电压 (mV)

　　　4：电流 (mA)　6：电压 (mV)

输出　Y1：接触器　　　　I1：电流

　　　P1：SSR 驱动电压　V1：电压

功能　0：无　　　1：报警

　　　2：报警＋加热器断线报警

通讯　5：RS-485A 方式　6：RS-422 方式

6.2.3 实验内容

(1) 熟悉 SR73A 调节器面板上各数码管、指示灯的含义和按钮的功能。
(2) 学会手动调节与自动调节之间的切换。
(3) 学会如何进行自整定并了解其含义。
(4) 了解报警类型的含义,学会如何设定上下限报警。
(5) 学会调节器各窗口群之间的转换。
(6) 了解参数锁定的含义。掌握上下限输出限定的设定方法。
(7) 深入理解方式 2 窗口群中测量代码选择和作用方式的含义。
(8) 学会量程选择和工程量转换的含义。
(9) 了解 SR73A 数字调节器的输入要求和输出方式。

6.2.4 实验步骤

(1) 观察所使用的是那种外形的实验仪(图 6-6)。
(2) 接通"仪表电源""调节器电源"和"变送器电源"开关。
(3) 调节器初始化完毕、显示正常后方可进行参数设置练习。
(4) 各窗口的参数设置内容见附表。

6.2.5 注意事项

(1) 实验中不要动液位信号和温度信号输入插头,以免接触不良。
(2) "加热器电源""电动阀电源"等开关先不要接通。

6.3 实验十三 气动调节阀实验测量

6.3.1 实验目的

(1) 了解气动调节阀、阀门定位器主要结构和工作方式。
(2) 了解气动调节阀、阀门定位器主要工作参数。
(3) 掌握气动调节阀、阀门定位器一般的调校方法。
(4) 学会调节阀实际流量特性的测量方法。

6.3.2 实验原理

阀门定位器与气动调节阀配套使用。阀门定位器与气动调节阀构成闭路系统,调节器送来的信号传给阀门定位器作为输入,气动调节阀的气缸活塞杆位移作为输出。利用反馈原理来改善阀门精度和提高灵敏度,并能以较大的功率克服活塞杆的摩擦力、介质的不平衡力及被调介质压力变化等影响。从而使调节阀位置能够按调节信号来实现准确定位(图 6-7)。

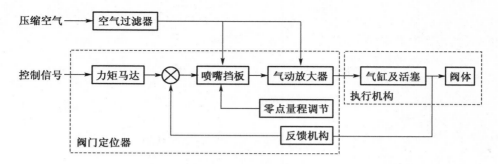

图 6-7　阀门定位器和气动执行机构方框图

在不考虑调节阀前后压差时得到的流量特性称为理想流量特性,它取决于阀芯的形状,主要有直线、等百分比、抛物线和快开特性等几种。而在实际中由于调节阀的安装位置的不同,其流量特性差异很大。

如图 6-8 所示的实验系统中,如果我们想更好的控制水箱水位,首先就应该了解调节阀实际的流量特性。在没有安装流量计的情况下,我们可以采用如下简易方法来测量:测量水箱的截面积 S 和不同阀开度 V_i 下 L_1 和 L_2 之间的水位下降时间 T_i,由此计算出对应阀开度 V_i 下的流量:$Q_i = S(L_1 - L_2) T_i$,通过一组(Q_i , V_i) 便可绘出 Q-V 的特性曲线。

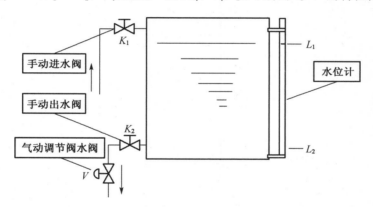

图 6-8　测量调节阀流量特性实验系统

6.3.3　实验内容及实验装置

本实验采用如图 6-8 的实验装置,进行如下实验:
(1) 观察并记录阀门定位器、气动调节阀有关工作参数。
(2) 阀门定位器、气动调节阀行程校验。
(3) 测量并绘制气动调节阀实际的流量特性曲线。

6.3.4　实验步骤

(1) 观察阀门定位器、气动调节阀的安装形式和工作方式。
(2) 记录阀门定位器、气动调节阀的工作参数并填入表 6-6 和表 6-7 内。
(3) 检查和调整零点、量程:

① 接通数字调节器电源,设置为手动状态,输出 50％信号。

② 接通气源开关,检查调节阀位置指示器是否指向 50％,若不满足条件,可调节零点位置旋钮(此步骤由教师指导完成)。

③ 输入数字调节器输出 0％、100％信号,观察调节阀位置指示器是否与其对应,若不满足条件,可调节量程旋钮(此步骤由教师指导完成)。反复上述各项调整,直至合格为止。

(4) 非线性误差和变差校验:

按表 6-8 依次输入控制信号,记下相应的阀体行程位置并填入表内。

(5) 气动调节阀流量特性测量:

① 记录水位计计时两点的位置 L_1、L_2 及水箱截面积 S,并将数据填入表 6-9 内。

② 打开手动进水阀 K1,关闭气动调节阀 V,使水箱注满水后关闭 K1(整个实验过程中 K2 为开启状态)。

③ 记录不同阀开度下 L_1,L_2 两点间水位下降的时间,并将结果填入表 6-9(阀开度在 25％时,如果水位下降很慢,可认为流量为零)。

6.3.5 实验结果数据整理

表 6-6 阀门定位器工作参数

作用形式	气源压力	输入信号	输入阻抗	输出特性	线性度/％
					±1.5％

表 6-7 气动调节阀工作参数

工作温度	公称压力	动作形式	额定行程	公称直径	安装形式

表 6-8 非线性偏差及变差校验

输入信号/mA	理论行程/％	实际行程/％		非线性偏差	正反行程偏差
		上行	下行		

表 6-9 不同阀开度水流情况

阀开度/％	5	10	15	20	25	30	35	40	45	50
时间/s										
流量 Q/(mm^3·s^{-1})										
Q/Q_{max}										

（续表）

阀开度/%	55	60	65	70	75	80	85	90	95	100
时间/s										
流量 $Q/(\mathrm{mm}^3 \cdot \mathrm{s}^{-1})$										
$Q/Q_{\max}$										
$L_1/\%$			$L_2/\%$			S/mm^2			水箱 V/mm^3	

6.3.6　实验报告

（1）记录阀门定位器、气动调节阀有关工作参数。

（2）根据公式计算非线性误差和变差

$$非线性误差 = \frac{(实际行程 - 理论行程)}{全行程} \times 100\%$$

$$变差 = \frac{(同一控制信号下的正反行程之差)}{全行程} \times 100\%$$

（3）处理数据，绘制调节阀实际流量特性曲线。

（4）对整个实验结果进行讨论并作出结论。

思　考　题

1. 试分析非线性误差和变差产生的原因。

2. 气动调节阀调节装置的基本原理是什么？

6.4　实验十四　系统液位的测量过程

6.4.1　实验目的

（1）了解整个液位实验系统和检测回路，学习信号转换和处理的方法。

（2）学会通过压力传感器、变送器和数字调节器测量液位的方法。

（3）学会校验信号转换的线性度、回差、灵敏度和消除信号零点偏置的问题。

6.4.2　实验原理

液位变送器是对压力变送器技术的延伸和发展，根据不同比重的液体在不同高度所产生压力呈线性关系的原理，实现对液体的体积、液高、重量的准确测量和传送。被测介质的密度是已知的，差压变送器测得的差压与液位高度成正比。这样把测量液位高度转换为测量差压的问题，利用差压或压力变送器可以很方便地测量液位，且能输出标准的电流或气压信号。

水箱实验系统液位测量原理框图如图 6-9 所示。

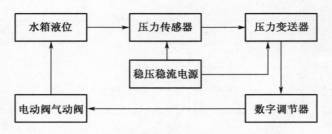

图 6-9　水箱实验系统液位测量及调节原理框图

6.4.3　实验仪表和设备

实验装置示意图如图 6-10 所示。

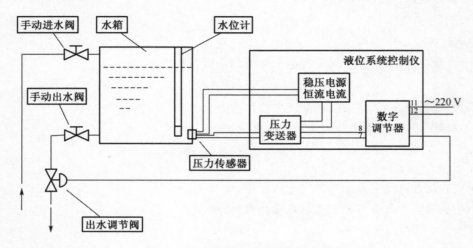

图 6-10　水箱实验系统及检测电路

调节器为 SR73A 型调节器,使用方法见实验十一,调节器参数设置如表 6-10 所示。

表 6-10　　　　　　　　　　　调节器参数设置

	功能选择子窗口	测量范围代码	备注
方式 2 窗口群		调节输出极性　95	
		报警类型　d	
	量程输入子窗口	下限量程　4.00	
		上限量程　20.00	
方式 1 窗口群	偏差补偿子窗口	PV-b　0	
	滤波时间子窗口	PV-F　0	
	参数锁定设置子窗口	Lock　OFF	
	下限输出设定子窗口	O-L　0	

（续表）

方式 1 窗口群	上限输出设定子窗口	O-H	100	
	上电缓启子窗口	SOFT	OFF	
方式 0 窗口群	设定值	SV	4	手动方式
	调节输出子窗口	调节输出	0	有调节输出
	执行/停止子窗口	cont	EXEC	
	上限报警设定子窗口	AH	20.0	
	下限报警设定子窗口	AL	4.0	

6.4.4　实验步骤

（1）了解水箱实验系统液位测量原理和调节过程。

（2）检查压力传感器、调节阀的连接状况是否正常。

（3）接通仪表电源、液位调节器电源、液位变送器电源开关。

（4）参考实验十一和调节器参数设置表，对调节器各子窗口进行初始化设置。

（5）检查压力传感器、变送器的线性情况和回差：

① 打开手动进水阀，使调节器 PV 指示在 20 mA 左右关闭进水阀。

② 列表（表 6-10）记录此时的水位计刻度值和调节器 PV 测量值。

③ 适当开启手动出水调节阀，使水箱中的水位缓慢下降。

④ 水位每下降 1 cm 同时记录 PV 电流值和水位计刻度值，直至水位计示数为零。

⑤ 关闭出水手动阀，打开进水阀，使水箱水位缓慢上升，重复以上步骤。

（6）检查压力变送器的灵敏度：

① 调节手动进水阀或出水阀，在水位计中取 2 个点：5 cm，15 cm。

② 使水箱中的水位保持在此位置，记录 Pv 电流值并填入表 6-11。

③ 调节手动进水阀，使水位缓慢上升 5 mm 处记录 PV 电流值 I'。

④ 用同样的办法调节出水阀，使水位缓慢下降 5 mm 处记录 PV 电流值。

$\Delta I = I - I'$，取平均值 $\Delta \bar{i}$，$S = \Delta \bar{i}/5$ mm　　单位（mA/mm）

（7）实验结束，关闭设备仪表电源。

6.4.5　实验结果数据整理

实验结果数据整理如表 6-11、表 6-12 所示。

表 6-11　　　　　　　　　　压力传感器、变送器线性情况数据

序号	1	2	3	4	5	6	7	8	9	10
水位刻度/cm										
下行值 I_1/mA										
上行值 I_2/mA										

（续表）

序号	11	12	13	14	15	16	17	18	19	20
水位刻度/cm										
下行值 I_1/mA										
上行值 I_2/mA										

表 6-12　　　　　　　　　　　　　压力变送器灵敏度数据

水位计刻度/cm	5		15	
电流值 I/mA				
水位计变化 5cm	下降	上升	下降	上升
电流值 I'/mA				
$\lvert \Delta I \rvert$ /mA				
平均值 ΔI/mA			灵敏度 $S/(\text{mA} \cdot \text{mm}^{-1})$	

6.4.6　实验报告

（1）用坐标纸绘制调节器电流值 I 与水位计读数 L 之间的关系曲线（上升和下降曲线）。

（2）对以上关系曲线的形态给予讨论。

（3）求出液位测量系统的灵敏度。

思 考 题

1. 如何将数字调节器的测量值 PV 通过工程量转换表示为实际的水箱测量水位？

2. 在实验过程中，调节进出口手阀为何要让水位缓慢上升或下降？

3. 当水箱液位为零，而变送器输出不为零时，如何通过调节器的偏差补偿使其液位指示为零？

6.5　实验十五　工业电导仪的认识和使用

6.5.1　实验目的

通过本实验熟悉仪器的结构组成，了解仪器的成套性，掌握仪器的调校方法，使仪器投入正常运行。

6.5.2　实验原理

工业电导仪其分析机理是通过测取溶液的导电能力来确定该溶液的浓度。为了避免在标定刻度过程中使用繁多的不同浓度的标准溶液，可以通过电阻箱获得不同的阻值模拟溶液浓度的变化,使标定刻度工作方便得多。

实验内容包括仪器结构的认识、仪器的启动和调整以及仪器的运行。

6.5.3　实验仪表、设备及装置

(1) DDD-32B 型工业电导仪 1 台,包括 DDDF-22 型电导发送器。系统结构框图如图 6-11 所示。

(2) 电阻箱一个。

(3) 49.64 Ω 锰钢丝无感电阻一个。

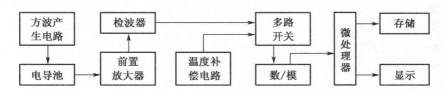

图 6-11　电导仪系统结构框图

6.5.4　实验步骤

1. 仪器结构组成的了解

注意仪器的成套性及系统连接方式。打开发送器的外壳,找出电极及温度补偿用的铂热电阻。工作电极分别由内电极和外电极构成,观察它们的结构,但不要碰击或拆动,避免因此而引起电极常数的变化。进行这一步骤时,可以参照课本上发送器的结构图。

注意识别转换器上各开关及旋钮的作用。

2. 仪器的启动及调整

检查仪器的连接线无误后,启动电源,让仪器处于待调整状态。在调整过程中,要求对照电气原理图,弄清调整的基本原理。

(1) 放大器的调整。将转换器上的选择开关 K_1 置"校 1"挡,调节"满度调整"电位器 (W_7),使显示仪表指示在满度上。如仪器无法指示在满度上,则应调节"范围调整"电位器 (W_5),使仪器指示在满度上。注意:在实际应用中,如因改变量程而使满刻度出现偏差时,则可调整各量程相应的范围调整电位器,×0.1 挡为 W_2,×1 挡为 W_3,×10 挡为 W_4。

(2) 导线电容补偿的调整。将转换器上的选择开关 K_1 置"×0.1μS"挡,使电导发送器开路,显示仪表应指示在零位附近。如不在零位附近,则可调整"电容补偿调节"电位器 W_1,使仪器指示在最小值上。

(3) 温度补偿的调整。由于不同的电解质溶液,其电导率的温度系数是不同的,因此温度补偿的调整应在被测溶液已确定的情况下进行。现取 0.01 N 的 KCl 溶液为被测溶液,把选择开关置×10 挡,在室温下测出其电导值 S_1,然后将溶液加热升温 10℃,再次测量其电导值 S_2,若 $S_1 \neq S_2$,则应调整 W_6 使 S_2 数值与 S_1 相等。W_6 是"温度补偿调节"电位器。

(4) 仪器精确度的校验。根据仪器标尺上各大分度所代表的电导率读数;结合本仪器的电极常数,用公式 $R = \dfrac{K}{S}$ 计算出相应的等效电阻。用 49.64 Ω 的锰铜丝电阻临时代替 R_t。然后用一电阻箱代替发送器中的电极接入仪器,并从电阻箱上逐一取得与大分度相对应

的电阻值,仪器应分别指示在相应的大分度刻度线上。如产生偏差,则应调节"范围调整"电位器(W_2、W_3或W_4),使之满足要求。

3. 仪器的运行

向发送器中注入足量的0.01N KCl溶液。启动电源,测量不同温度下的电导值,记下各读数。为方便改变被测溶液的温度,可在发送器内安装一个玻璃封装的发热丝(约15 W),在出水法兰上安装一支温度计,以便读取不同的温度值。

6.5.5 实验注意事项

(1) DDDF-32型发送器内的电极不要随意拆动或碰击,否则将引起电极常数的改变而引起测量误差。

(2) 如在发送器内调整溶液的温度感到不方便,也可取下下半部壳体,将发送器下半部放进装有溶液的烧杯中,烧杯可在电热器具上加热改变溶液的温度。注意放牢勿打翻。

6.5.6 实验结果及实验报告

1. 数据处理

记录各大分度位校验结果。

2. 实验报告内容

(1) 绘制详细的实验装置连接图。

(2) 列写有关实验数据,计算结果,判定仪器精度等级。

思 考 题

1. 仪器为什么要进行导线电容补偿调整?其补偿原理是什么?

2. 仪器在使用过程中改变量程应注意什么问题?

3. 仪器在使用中不小心旋动了电极或因碰撞而使电极变形应怎么办?

6.6 实验十六 过程控制对象特性的实验测试

6.6.1 实验目的

(1) 掌握对象静态和动态特性的测量方法。

(2) 掌握阶跃干扰法测试对象特性的数据处理方法。

(3) 通过实验了解对象的非线性情况。

6.6.2 实验原理

任何自动控制系统都是由对象、调节单元、执行器及测量变送器件等基本环节组成的。要对已有的控制系统分析研究,都应先掌握构成系统的基本环节,特别是对象的特性,才能得出系统的特性。

系统(环节)特性包括静态特性和动态特性两部分。所谓静态特性是指在稳定状态下,其输出参数与输入参数之间的关系;而动态特性是指在输入参数作用下,其输出参数随时间变化的特性。

　　获取对象特性有两种方法,即理论分析法和实验测定法。前者是根据基本的物理、化学规律,在物料平衡或能量平衡的理论基础上,用数学分析的方法得到的。通常这种方法只适用于比较简单的对象,对于复杂的测控系统,则往往由于数学工具和模型的限制,会使理论推导比较困难。在这种情况下,实验测定法获得对象特性是一种既简便又可行的方法。

　　常用的实验测试方法有阶跃干扰法和矩形脉冲干扰法,本实验是应用阶跃干扰实验法来测取对象的静态特性和动态特性。

　　测试对象静态特性的方法是:依次改变输入参数,记录稳态时对应的输出参数值,从而求得对象的静态特性。

　　测试对象动态特性的方法是:将对象的输入参数突然作一阶跃变化,同时记录对象输出参数随时间变化的过渡过程曲线,即阶跃响应曲线。如果对象是一阶系统,并包含多个环节时,由此方法所得到的对象特性是包括测量变送器件、执行器在内的广义对象特性。当只需要知道对象本身的特性时,需从广义对象特性中扣除测量变送器件和执行器的特性。

　　本实验测试对象是具有液位控制功能水槽的液位,测量变送器件是液位测量和流量测量装置,执行器由电动调节阀、电磁阀、提升泵构成。

6.6.3　实验仪器、设备装置及实验内容

　　本实验系统装置构成见示意图。主要包括电磁阀、电动调节阀、清水提升泵、液位计、流量计以及控制系统。

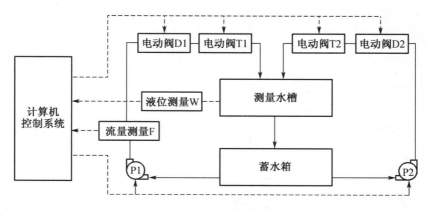

图 6-12　测量与控制实验系统

　　(1) 用阶跃干扰法测取液位对象的静态特性。
　　(2) 应用阶跃干扰法测取液位对象的动态特性。

6.6.4　实验步骤

　　1. 测量对象静态特性

　　(1) 对照图 6-12 具体的实验系统和连接线路,注意检查电动阀、电磁阀、流量计、液位

传感器的安装位置和初始状态。

（2）在计算机实验系统画面中启动水泵 P1,开启电磁阀 T1,调节电动阀 D1 开度为 0,此时流量计 F 示值为零。

（3）依次增加电动阀 D1 的开度为 10%,记录在稳定状态下的水槽液位值和流量值并填入表 6-9(通过计算机显示屏的历史曲线和实时曲线画面,可直接观察到液位趋于稳定状态的过程)。

2. 测量对象动态特性

（1）调节电动阀 D1,使水槽液位保持在 60%左右,等待液位趋于稳定。

（2）启动水泵 P2,调节电动阀 D2 开度约为 15%,然后开启电磁阀 T2,对液位系统施加一阶跃扰动信号,记录其流量值。

（3）通过计算机中的历史曲线画面来观察液位值的变化过程,使用"时间幅值记录器"记录下液位变化值和对应的时间,并填入表 6-13,一直达到新的稳态为止。

6.6.5 注意事项

（1）实验前检查所有实验仪器工作是否正常,电气接线是否正确,管路应无泄漏。

（2）实验时应严肃认真、相互配合,对实验数据应一丝不苟准确记录。

（3）注意观察并记录实验中所发生的现象,若发现仪器设备出故障时应及时报告。

6.6.6 实验结果数据处理

实验结果数据处理如表 6-13、表 6-14 所示。

表 6-13 　　　　　　　　　　静态特性实验数据

电动阀开度 V/%	0	10	20	30	40	50	60	70	80	90	100
流量值 F/(m³·h⁻¹)											
稳态液位值 L/%											

表 6-14 　　　　　　　　　　动态特性实验数据

序号	1	2	3	4	5	6	7	8	9	10
时间 t/min										
液位 L/%										
序号	11	12	13	14	15	16	17	18	19	20
时间 t/min										
液位 L/%										

6.6.7 实验报告

（1）以电动阀门开度为横坐标,稳定液位值为纵坐标,绘出广义对象特性曲线。

（2）以电动阀门开度为横坐标，流量为纵坐标，绘出电动调节阀的静态特性曲线。

（3）以流量为横坐标，稳定液位值为纵坐标，绘出液位对象的静态特性曲线。

（4）求出广义对象的静态放大倍数和液位对象的放大倍数。

（5）以时间为横坐标，液位值为纵坐标，绘出对象的阶跃响应曲线。

（6）由阶跃响应曲线求出对象的放大倍数 K、时间常数 T。

（7）根据求得的 K、T，写出对象的传递函数。

思 考 题

1. 什么是对象的静态特性？它与对象的动态特性有什么区别？
2. 结合对象的具体情况分析影响对象静态放大倍数的因素有哪些？
3. 进行对象动态特性测试时，为什么要强调从稳定状态开始？
4. 进行对象动态特性测试时要注意哪些问题？

6.7 实验十七 基于调节器/计算机的液位单闭环控制系统实验

6.7.1 实验目的

（1）了解液位单闭环回路控制系统的构成。

（2）了解用衰减曲线法整定单回路控制系统的 PID 参数的方法。

（3）认识 PID 参数对控制系统质量指标的影响。

6.7.2 实验原理

当一个简单调节系统设计并安装完成后，调节质量的好坏与调节器参数的选择有很大关系。合适的调节器参数可以带来满意的效果。因此，当一个简单调节系统组成之后，如何整定调节器参数是一项很重要的实际问题。

调节器参数的最佳整定，在已知对象特性的基础上，可以通过理论计算获得。但因对象特性的数学模型的建立比较困难，加上计算方法繁杂，工作量大，所以目前调节器参数的理论整定方法未能在工程上大量推广。为此，产生了工程上便于应用的简单的系统工程整定方法。这些方法不需要获得对象的动态特性，直接在闭合的调节回路中进行整定，方法简单，容易掌握，适合在工程上实际应用。

通过调节系统的工程整定，使调节器获得最佳参数，即过渡过程有较好的稳定性、快速性和准确性。一般希望调节过程具有较大的衰减比，超调量要小一些，调节时间越短越好，余差尽量小。对于定值调节系统，一般希望有 4∶1 的衰减比，即过渡过程曲线振荡一个半波就大致稳定下来。

常用的工程整定方法有经验试凑法、临界比例度法、衰减曲线法、反应曲线法等。本实验采用衰减曲线法，该方法在第 3 章中已有阐述。

简单调节系统的工程整定是复杂调节系统工程整定的基础,本次实验就是使同学们受到一次调节系统的投运和调节器参数整定的基本体验。

6.7.3 实验仪表、设备和装置

1. 实验装置

实验系统流程见图 6-13,以下设备及仪表构成:提升水泵、变频器、压力变送器、调节器708、主回路调节阀、上水箱(或中水箱)、液位变送器、调节器818。

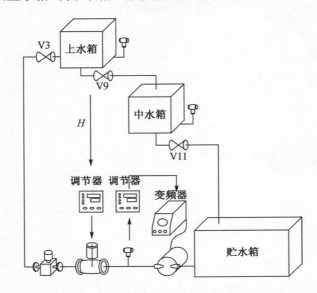

图 6-13 上水箱单闭环液位(调节器)控制流程

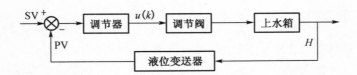

图 6-14 上水箱单闭环实验液位控制方框图

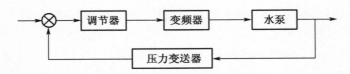

图 6-15 上水箱单闭环实验泵压控制方框图

2. 调节器的参数设置

以上海万迅仪表有限公司的 AI708 型、AI818 型调节器为例进行参数设置。

需要设置的参数如表 6-15、表 6-16 所示,表中未列出者一般不做改动,采用出厂默认值。

表 6-15　　　　　　　　　　　压力单闭环调节器 AI708 参数设置

参数名	参数值	说明	参数名	参数值	说明
M5	10	保持参数	dIL	0	输入下限显示值
P	6	速率参数	dIH	100	输入上限显示值
t	1	滞后时间	Sc	0	主输入平移
Ctl	5	输出周期/s	oPI	4	输出方式
Sn	33	输出规格	CF	2	系统功能选择
dIP	0	小数点位数	run	2	运行状态

表 6-16　　　　　　　　　　　液位单闭环调节器 AI818 参数设置

参数名	参数值	说明	参数名	参数值	说明
DF	3	回差	dIL	0	输入下限显示值
P	40	比例带	dIH	400	输入上限显示值
I	100	积分时间/s	Sc	0	主输入平移
d	0	微分周期/s	oPI	4	输出方式
Sn	33	输入规格	CF	2	系统功能选择
diP	0	小数点位数	run	2	运行状态

需要设置的参数和其他参数如上所示，AI808 参数设置中的 PI 参数为参考值。

6.7.4　实验说明及操作步骤

（1）将液位单闭环实验所用的设备，按系统框图连接好实验线路。

（2）接通总电源，各仪表电源。

（3）打开上水箱进水电磁阀门 V3、上水箱排水电磁阀 V9，并打开中水箱排水阀，其余阀门关闭。

（4）液位单闭环系统的基础是压力恒定，因此，本系统有两个单回路：液位单闭环、压力单闭环，且两回路均采用 PI 控制。

（5）先将电动调节阀开启度手动调到一个固定值，按衰减曲线法整定供水压力单回路参数。先将控制器变为纯比例作用，并将比例度预置在较大的数值上。在达到稳定后，用改变给定值的办法加入阶跃干扰，观察被控变量记录曲线的衰减比，然后从大到小改变比例度，直至出现 4∶1 衰减比为止，从曲线上得到衰减周期，求出调节器的参数整定值。

（6）根据数据计算所得的回路的 PI 参数值，设置调节器参数。整定参数值可按表 6-17 "阶跃反应曲线整定参数表"进行计算。

表 6-17 阶跃反应曲线整定参数

整定参数 调节规律	比例度 $\delta/\%$	积分时间 $T_I/\min$	微分时间 $T_D/\min$
比例	δ_S	—	—
比例＋微分	$1.2\delta_S$	$0.5T_S$	—
比例＋积分＋微分	$0.8\delta_S$	$0.3T_S$	$0.1T_S$

（7）保证水泵在恒压供水状态下工作,再观察调节器的输出。按衰减曲线法整定上水箱液位单回路参数。

（8）实验完毕,关闭各个仪表电源、总电源,关闭水箱阀门。

思 考 题

为什么压力计可以测液位？其原理是什么？

第 7 章　水处理工艺综合实验

7.1　在线水处理综合实验系统简介

7.1.1　在线水处理综合实验系统的应用

水处理工艺综合实验使用了在线水处理综合实验系统。

1. 水处理综合实验系统

实验系统由三部分组成,包括:

(1) 水处理工艺构筑物模型系统,模型设计在满足与实际构筑物水力学相似的前提下,尽量做到几何相似,以便加强学生对工艺构筑物结构的直观认识。

(2) 在线仪表检测系统,对水质及运行状态条件参数进行检测,检测信号传送到控制系统,进行显示、运算和输出控制。

(3) 执行工艺参数调节的阀门、泵浦、搅拌机等电动机构,以及控制这些电动机构的手动/自动、就地/远程控制系统。

控制系统除了进行电动机构控制的基本功能之外,还能够将检测到的水质和运行参数上传发布到互联网上,并能够实现对工艺系统运行的互联网远程操控。

2. 教学目的

应用在线水处理综合实验系统可以达到以下教学目的:

(1) 让学生进一步了解水处理构筑物结构、了解构筑物中水流走向、形态,增加直观认识。

(2) 帮助学生熟悉水处理工艺现场操作流程,了解配套阀门、水泵等机械设备运行操作流程。

(3) 了解实际水处理工艺运行各环节的操作要点,了解污泥膨胀、矾花翻池等问题现象的成因及应对、预防措施。

(4) 真正通过水处理工艺系统的运行,实现水质处理的目标。在实践中,体会水质、运行条件等各类影响因素对工艺效果的影响,深入理解水处理工艺的物理、化学及生物作用机理。

3. 典型实验装置

典型的在线水处理综合实验系统装置如图 7-1 所示。

系统工艺包括 CASS 工艺和高速混凝沉淀池工艺,既可以单独运行,也可以将装置串联进行工艺集成。

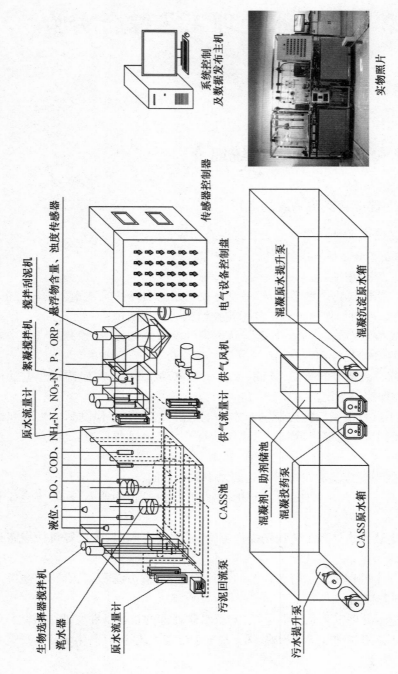

系统控制及数据发布主机

实物照片

传感器控制器

浊度传感器

搅拌刮泥机

絮凝搅拌机

悬浮物含量、

P、ORP、

NO₃-N、

NH₄-N、

COD、

DO、

液位、

电气设备控制盘

供气风机

供气流量计

原水流量计

CASS池

混凝剂、助剂储池

混凝投药泵

生物选择器搅拌机

混水器

原水流量计

污泥回流泵

污水提升泵

CASS原水箱

混凝原水提升泵

混凝沉淀原水箱

图 7-1 在线水处理综合实验系统装置示意

7.1.2　在线水处理综合实验系统软件的功能

系统若要有效运行,具有数据发布、远程操控功能的控制软件是重要的物质基础,下面就系统软件进行简介。

1. 概述

控制系统选用 SIEMENS S7 200 PLC,采集现场仪表(COD、NH_4、PH 等)数值、监控设备(阀门、风机、泵)状态信号形成直观的人机界面在现场监控电脑上显示,同时通过网页形式发布到互联网上,试验人员可通过现场监控电脑操作设备,亦可通过 IE 浏览器经授权在任何可上网的地方监控实验设备、查询数据历史曲线。

2. 系统描述

采用 SIEMENS WinCC 6.2 中文版作为人机界面操作的平台,使用 WinCC 自带的控件,通过二次开发,达到实验要求的技术条件。

WinCC 是在生产和过程自动化中解决可视化和控制任务的工业技术中性系统。它提供了适用于工业的图形显示、消息、归档以及报表的功能模块。高性能的过程耦合、快速的画面更新以及可靠的数据使其具有高度的实用性。

除了这些系统功能外,WinCC 还提供了开放的界面用于用户解决方案。这使得将WinCC 集成入复杂、广泛的自动控制解决方案成为可能。可以集成通过 ODBC 和 SQL 方式的归档数据访问,以及通过 OLE2.0 和 ActiveX 控件的对象和文档的链接。

WinCC 是基于 Windows NT 的 32 位操作系统。Windows NT 具有的抢先多重任务的特性确保了对过程事件的快速反应并提供了多种防止数据丢失的保护。

Windows NT 同样提供了安全方面的功能,开发使用调制解调器、面向对象的软件编程技术。

如果通过开始菜单启动 WinCC,将首先打开 WinCC 资源管理器。在此可以访问各种编辑器,从中执行操作和监控系统的指定任务。

3. 系统功能

WinCC 在使用过程中有如下功能:

(1) 图形编辑器。图形编辑器是一种用于创建过程画面的面向矢量的作图程序。也可以用包含在对象和样式选项板中的众多的图形对象来创建复杂的过程画面。可以通过动作编程来动态添加到单个图形对象上。向导提供了自动生成的动态支持并将他们链接到对象。也可以在库中存储自己的图形对象。

通过使用图形编辑器,将水处理实验装置的实验过程以图形化的方式仿真在电脑显示界面上;将实验过程中的数据以直观的方式连续显示在图形界面上;实验人员通过图形化的方式可以在电脑上远程操作试验设备。

特点:人机界面亲切、直观、简洁;操作方便、容易理解。

(2) 报警记录。报警记录提供了显示和操作选项来获取和归档结果。可以任意地选择消息块、消息级别、消息类型、消息显示以及报表。系统向导和组态对话框在组态期间提供相应的支持。为了在运行中显示消息,可以使用包含在图形编辑器的对象选项板中的报警控件。

通过使用报警记录控件,系统自动处理并存储实验中的设备故障、实验过程中的工艺数据报警信息、网络故障信息。

特点:以直观的文字界面提示实验人员报警点和报警内容,报警信息长期存储,最长存储时间可达到 10 年。

（3）变量记录。变量记录被用来从运行过程中采集数据并准备将它们显示和归档。可以自由地选择归档、采集和归档定时器的数据格式。可以通过 WinCC 在线趋势和表格控件显示过程值，并分别在趋势和表格形式下显示。

通过使用变量记录控件，实时存储实验设备运行状态、存储实验过程中的工艺数据并通过表格或曲线的形式展示出来。

特点：实时采集并存储实验过程中的各种数据，以直观的表格或曲线形式追忆每次实验过程，数据可长时间存储，最长存储可达到 5 年。

（4）报表编辑器。报表编辑器是为消息、操作、归档内容和当前或已归档的数据的定时器或事件控制文档的集成的报表系统，可以自由选择用户报表和项目文档的形式。提供了舒适的带工具和图形选项板的用户界面，同时支持各种报表类型。具有多种标准的系统布局和打印作业。

通过使用报表编辑器控件，将实验过程中生成的数据通过归类和整理，以每组实验为单位，用表格的形式直观地反映每组实验的进行情况，并可通过连接到服务器的打印机打印出来。

特点：数据展示直观、生动，可真实反映每组实验的执行情况。

（5）用户管理器。用户管理器用于分配和控制用户的单个组态和运行系统编辑器的访问权限。每当建立了一个用户，就可以设置 WinCC 功能的访问权利并独立地分配给此用户。至多可分配 999 个不同的授权。用户授权可以在系统运行时分配。

通过使用用户管理器，保证了只有通过授权并正确登录的用户才可以查看试验设备、操作试验设备、查看历史实验数据。

特点：加强实验数据的保护、加强对实验过程的监控，只有登录后的授权用户才能操作设备，登录和操作的过程会被系统记录在历史事件中，方便实验老师追忆错误操作。

（6）IE 浏览控件 WinCC WebBrowser Control。在 WinCC WebBrowser 控件的帮助下，可以在 WinCC 运行状态下显示动画。在控件中输入 IP 地址即可如 IE 浏览器一样访问网络上的网页。

本项目通过使用 WinCC WebBrowser 控件，调用摄像系统通过 IE 发布在网络上的图像，将实验仪器的监控图像集成在 WINCC 监控平台上，同步了仪表数据和现场真实视频图像。

特点：在监控平台上看到现场实验数据设备的同时能通过图像的形式监控到现场设备的真实运行情况。

（7）Web Navigator 数据发布软件。WinCC 选件包“WinCC Web Navigator”将使用户能够通过 Intranet/Internet 为“控制和监视”主题开发一个解决方案。从而可以使用 WinCC 标准工具，非常快速和便捷地通过 Internet 和 Intranet 来分配用户自动化系统的控制和监视功能。“WinCC Web Navigator”支持当前 Internet 安全方法并提供向导以辅助用户完成任务。

本项目通过使用 Web Navigator 数据包，将水处理实验设备实验数据通过网页的形式发布在校园局域网上，通过授权的用户可以在校园局域网的任何网络节点上登录到水处理实验装置服务器上，可远程监控实验数据、设备运行情况、远程操作试验设备等。

7.1.3　实验系统操作说明

1. 概述

整个实验装置包含两套 CASS 池和一套高速絮凝沉淀池；CASS 为两套系统交替运行，

高速絮凝沉淀池自动运行,整个系统运行时间间隔周期可设定。

整个系统可采用全自动运行,也可采用就地、手动方式单独操作任何一个设备。整个控制系统的核心采用 Siemens S7 200 PLC,PLC 根据用户设定的参数,按照预先编制的逻辑程序,自动操作阀门、水泵、风机、加药泵等设备,达到整个装置自动运行的目的。

控制系统设置一套上位机工作站,工作站采用联想 T168 G7 服务器;工作站运行 WINCC 监控组态软件,软件通过 PPI 协议与 PLC 实现实时的数据交换,以动态直观的人机界面显示整个装置运行情况,同时以网页的形式将工艺运行情况发布到学校局域网上,供实验人员远程监视、管理实验装置。

控制系统配备完善的报警和历史记录功能,实验人员可设置相应的报警参数,当工艺异常时,系统自动报警并将报警记录存储在硬盘中供历史查询;控制系统自动存储实验的仪表数据并以报表的形式直观地呈现给实验人员,实验人员可直接打印出来分析本次试验的数据。

2. 设备操作描述

整个控制系统全部按照工业环境标准设计。为了避免当自动控制系统出现故障时影响整个装置的运行,系统采用就地/远程两种操作模式设计,整个控制系统分为三级:就地、远方手动、远方自动,其中就地的优先级最高;现场操作控制箱对现场每个可以控制的设备都设置了[就地]/[远程]两种操作模式;[就地]模式下,设备通过现场控制箱上的就地开关进行操作;在[远程]模式下,设备通过 PLC 控制器进行控制(图 7-2)。

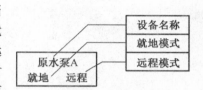

图 7-2　控制柜面板操作按钮指示

[远程]模式下,设备可在服务器人机界面上手动操作,也可将设备切入自动模式,按照程序设定的动作顺序自动启停设备。人机界面通过网络发布到局域网上,通过授权的实验人员可以在学校任何网络节点登录系统,远程操作设备(图 7-3)。

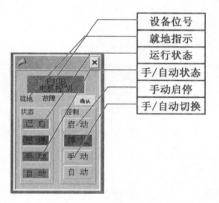

图 7-3　人机界面手操器

图 7-4　参数设置

上位机设置[参数设置]界面,通过授权的实验人员可通过参数设置,控制实验的流程按照预期设想的进行。处于"自动"模式的设备会根据预先编制的程序和设定参数自动启停和调节(图 7-4)。

3. 系统启动

(1) 开机自启动。服务器开机运行后,自动装载控制系统工程文件,状态完毕后,显示[工艺流程]界面。

（2）手动启动。手动启动是指通过服务器桌面上的 WinCC 图标，手动打开软件并手动运行软件的过程。具体操作方式为：运行桌面 WinCC 程序，启动 WinCC 主界面后，点击［激活］图标，运行自动控制工程。

4. 系统流程

系统运行后，自动进入工艺流程界面，工艺流程界面如图 7-5 所示。

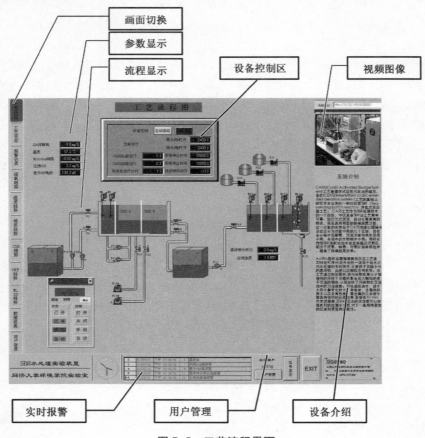

图 7-5　工艺流程界面

（1）图像定义。黄色为设备位号，泵/电机显示红色表示泵/电机为停止状态，泵/电机显示绿色表示泵/电机为运行状态，红色"M"文字闪烁表示设备处于［手动］状态，红色"L"文字闪烁表示设备处于［就地］模式状态。

黄色为设备位号，阀门显示红色表示阀门为关闭状态，阀门显示绿色表示阀门为开启状态，红色"M"文字闪烁表示设备处于［手动］状态，红色"L"文字闪烁表示设备处于［就地］模式状态（图 7-6）。

（1）水泵　　（2）鼓风机　　（3）搅拌机　　（4）加药泵　　（5）阀门

图 7-6　设备图像形态

设备位号可通过操作按钮隐藏/显示,左键为显示设备位号,右键为隐藏设备位号(图 7-7)。实时显示实验过程中的仪表数据(图 7-8)。

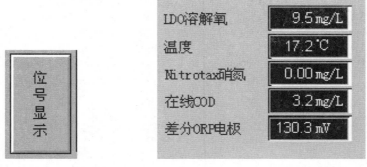

图 7-7　位号显示按钮　　　　　　　　　　图 7-8　仪表数据显示

当对应的曝气风机开启时,CASS 池相应出现气泡显示,如图 7-9 所示。

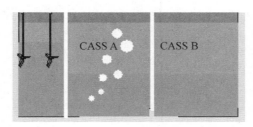

图 7-9　曝气状态显示

(2) 自动运行。实验装置自动启停控制窗口如图 7-10 蓝色的底色显示设备所处的状态。

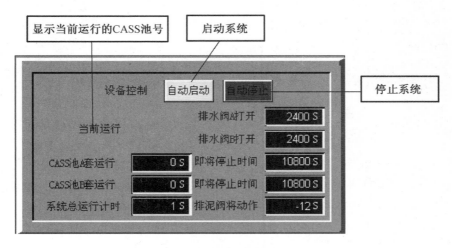

图 7-10　自动运行参数输入界面

CASS 池 A 套运行:CASS 池 A 套运行计时。

即将停止时间:CASS 池 A 套停止倒计时。

CASS 池 B 套运行:CASS 池 B 套运行计时。

即将停止时间:CASS 池 B 套停止倒计时。

系统总运行计时:设备总计时。

排泥阀将动作:排泥阀即将动作的倒计时。

排水阀 A 打开:排水阀 A 打开倒计时。

排水阀 B 打开:排水阀 B 打开倒计时。

5. 参数设置

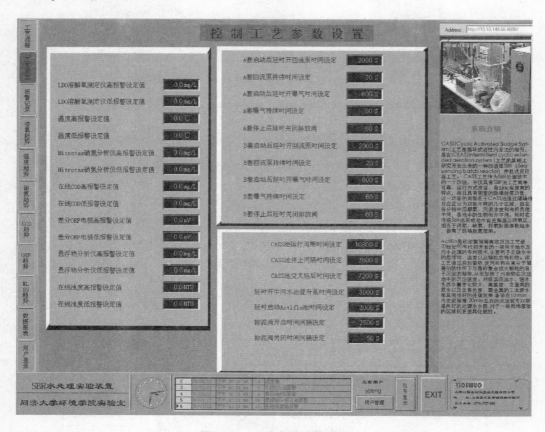

图 7-11　工艺参数设置界面

报警值设定:当实时值达到报警设定值时产生报警并记录在报警历史事件中。

A 套启动后延时开回流泵时间设定:A 套启动至回流泵启动的时间间隔。

A 套回流泵持续时间设定:A 套回流泵从开启到停止的时间间隔。

A 套启动后延时开曝气时间设定:A 套启动至曝气风机启动的时间间隔。

A 套曝气持续时间设定:A 套曝气从开启到停止的时间间隔。

A 套停止后延时关闭排放阀:A 套停止至关闭排放阀的时间间隔。

B 套启动后延时开回流泵时间设定:B 套启动至回流泵启动的时间间隔。

B 套回流泵持续时间设定:B 套回流泵从开启到停止的时间间隔。

B套启动后延时开曝气时间设定:B套启动至曝气风机启动的时间间隔。

B套曝气持续时间设定:B套曝气从开启到停止的时间间隔。

B套停止后延时关闭排放阀:B套停止至关闭排放阀的时间间隔。

CASS池运行周期时间设定:单套CASS池运行周期(运行时间)。

CASS池停止间隔时间设定:单套CASS池停止周期(停止时间)。

CASS池交叉延后时间设定:两套CASS池交叉启动的时间间隔。

延时开中间水池提升泵时间设定:系统启动至中间水池提升泵启动的时间间隔。

延时启动Actiflo池时间设定:系统启动至Actiflo池启动的时间间隔。

排泥阀开启时间间隔设定:排泥阀开启状态持续的时间。

排泥阀关闭时间间隔设定:排泥阀关闭状态持续的时间。

6. 报警记录

报警记录是仪表的实时数据达到报警设定时自动产生的,当报警记录产生时,系统自动在下部任务栏提示最新的报警,同时存储在历史报警数据库中。报警记录可通过报警页面的确认按钮进行确认(图7-12)。

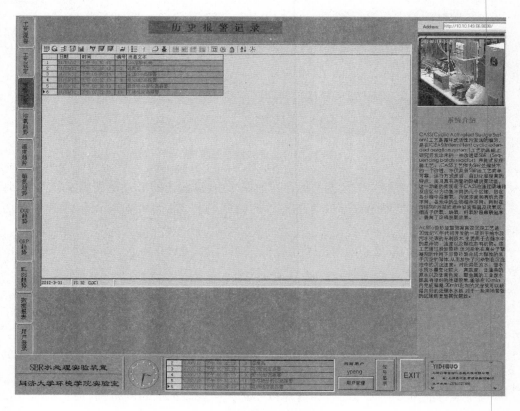

图 7-12　报警记录界面

报警记录有短期归档、长期归档,最长的报警记录可保存1年。

查询报警记录可通过工具菜单选择需要查询的时间段。

7. 历史曲线

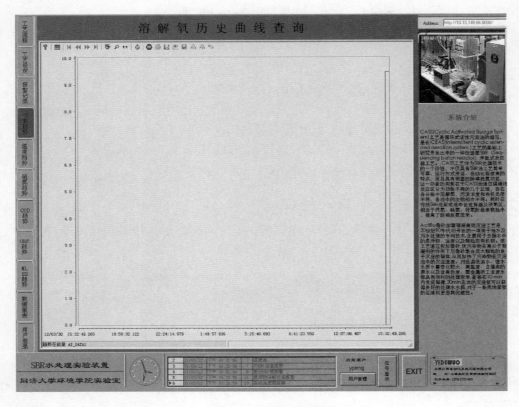

图 7-13　历史数据查询界面

系统采集每台仪表的实时数据并保存在数据库中,以曲线的形式呈现给实验人员,每台仪表都有单独的操作页面供查询;通过菜单的时间选择,最远可查询 1 年内的所有历史数据。

历史数据可放大、缩小;可设定 X 坐标的时间长度;可选择标尺,查询任一时间点的实时数据(图 7-13)。

8. 数据报表

系统提供三种时间间隔的报表,分别是:5 min 报表、20 min 报表、60 min 报表。以下以 5 min 报表举例说明。

顾名思义,5 min 报表就是每隔 5 min 在报表上增加一行数据;系统实时采集仪表的数据,每隔 5 min 在数据库中插入一行数据(图 7-14)。

数据报表可通过工具菜单的时间选择按钮选择需要查询的时间范围,最长的时间追溯范围为 1 年。

9. 用户管理

(1)用户登录。

在服务器上,用户可点击[用户登录]按钮,弹出如下画面(图 7-15):

输入相应的用户名和密码登录系统,登录的用户名会在任务栏中显示,如图 7-16 所示。

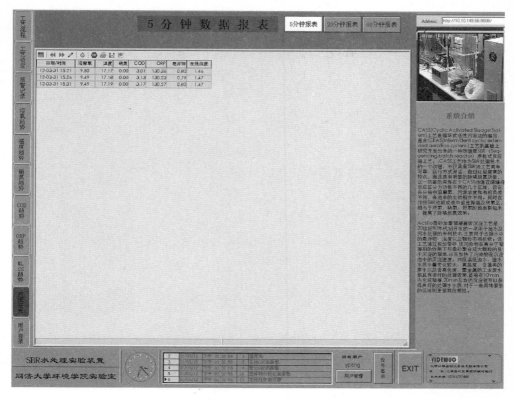

图 7-14　数据报表界面

图 7-15　用户登录窗口　　　　　　　图 7-16　用户名显示

参数设置、启停设备、用户管理、退出系统等功能均需要管理员权限。

注意：登录完成需要的操作后勿忘退出登录。

用户变更登录只能在服务器上进行，远程 IE 客户端不能通过按钮登录，变更登录需关闭网页，重新输入 IP 地址和用户名登录。

（2）用户管理。

点击[用户管理]按钮，弹出用户管理画面，如图 7-17 所示。

具有管理员权限的用户登录以后，可在管理界面增减用户、修改用户权限、更改用户密码。

如希望用户可通过网络登录服务器，需在相应的用户名上勾选"Web 浏览器"并指定"Index"界面为启动界面。

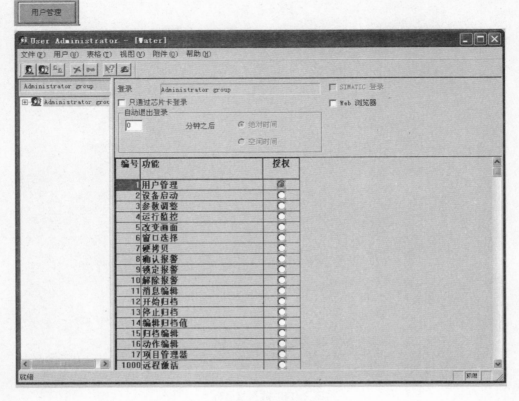

图 7-17   用户管理按钮及窗口

注意：控制系统中建立的网络用户名和密码必须与 Windows 中的用户名和密码相同。

10. 视频服务

系统设置一台红外 360 度可旋转摄像头，全天 24 h 监控实验设备并将监控到的图像保存到服务器硬盘上，最长保存时间 1 年。

（1）服务器界面登录。自动控制系统读取视频图像并显示在画面中，在主画面启动时，自动弹出视频图像设置框，如图 7-18 所示。

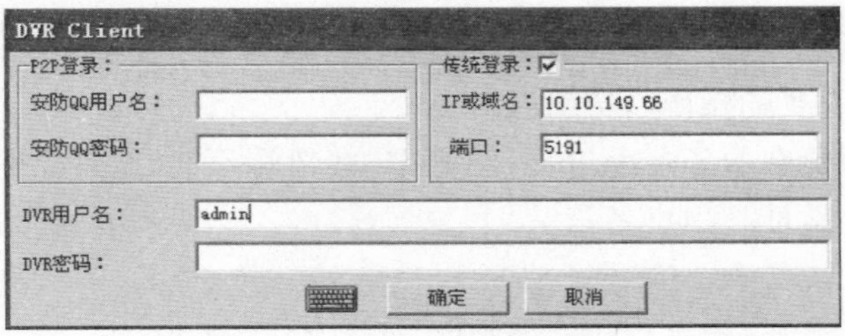

图 7-18   用户视频监视登录窗口

设置方法：勾选［传统登录］；

IP 或域名：xx. xx. xxx. xx；

端口 xxxx；

DVR 用户名：管理员设定的用户名；

DVR 密码：管理员设定的密码。

（2）视频管理。打开视频管理软件 DVR，可在管理软件中调整摄像机角度、焦距、倍数；可管理视频登录的用户、更改密码；启停录像存放；录像回放；录像删减。

用户管理需分清当地用户与网络用户，当地用户只能在本地服务器登录，网络用户只能通过网络登录（图 7-19）。

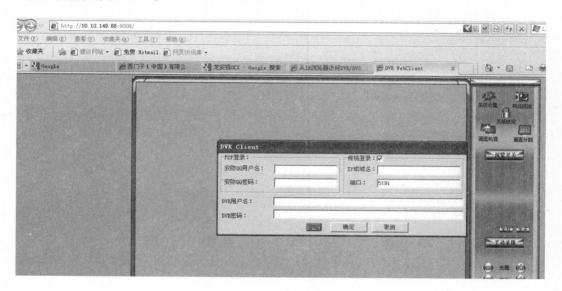

图 7-19 视频监视窗口画面

（3）远程管理登陆。摄像视频系统支持通过网络管理本系统，网络管理建立在 IE 平台上。

IE 地址：xx. xx. xxx. xx：xxxx

［回车］，弹出登录框

设置方法：勾选［传统登录］

IP 或域名：xx. xx. xxx. xx

端口 xxxx

DVR 用户名：管理员设定的用户名

DVR 密码：管理员设定的密码

具有管理权限的用户登录后，可同本地服务器一样操作摄像机视频。

11. WEB 浏览

系统支持通过互联网连接服务器，通过网络监控试验流程，互联网网络监控建立在 IE 平台上。远程互联网同样可查看报警记录、历史趋势、数据报表等功能，但不具有用户管理的功能。

IE 地址：xx. xx. xxx. xx；

用户名：管理员设置的用户名；

密　　码：管理员设置的密码；

第一次登录需更改 IE 浏览器的安全设置，方法如下：

IE→工具→Internet 选项→安全→自定义级别

将禁用的选项全部改为启用状态。

第一次登录 IE 会提示下载 Siemens 多个插件，务必允许下载并正确安装。

安装完毕系统显示工艺流程图并弹出 DVR 视频登录界面。

设置方法：勾选"传统登录"

IP 或域名：xx. xx. xxx. xx

端口 xxxx

DVR 用户名：管理员设定的用户名

DVR 密码：管理员设定的密码

登录完成显示视频监控界面。

不同的用户名拥有不同的权限，如需更换登录的用户，需关闭当前 IE 界面并重新打开 IE，输入需要更换的用户登录。

7.2　流动电流混凝剂投加控制实验

7.2.1　实验目的

（1）了解流动电流絮凝控制系统的组成。

（2）了解流动电流产生和检测的原理。

（3）初步了解流动电流混凝剂投加量控制的方法。

7.2.2　实验原理

在研究流体的电学性质时人们发现了电动现象，电动现象的发现引导人们认识了胶体的双电层结构，在胶体研究中具有十分重要的意义。电动现象主要包括：

电泳——胶体微粒在电场中作定向运动的现象；

电渗——在多孔膜或毛细管两端加一定电压，多孔膜或毛细管中的液体产生定向移动的现象；

流动电位——当液体在多孔膜或毛细管中流动，多孔膜或毛细管两端就会产生电位差的现象；

沉降电位——胶体微粒在重力场或离心力场中迅速沉降时，在沉降方向的两端产生电位差的现象。本实验只研究流动电位（电流）。流动电位意味着液体流动时带走了与表面电荷相反的带电离子，从而使液体内发生了电荷的积累，形成了电场。

絮凝理论认为，向水中投加无机盐类絮凝剂或无机高分子絮凝剂的主要作用，在于使胶体脱稳。工艺条件一定时，调节絮凝剂的投加量，可以改变胶体的脱稳程度。在水处理工艺技术中，传统上用于描述胶体脱稳程度的指标是 ζ 电位，以 ζ 电位为因子控制絮凝就成为一种根本性的控制方法。但由于 ζ 电位检测技术复杂，特别是测定的不连续性，使其在过去难以用于工业生产的在线连续控制。

电动现象中的流动电位与 ζ 电位呈线性相关,根据双电层理论可以得到流动电流与 ζ 电位呈线性相关:

$$I = \frac{\pi \varepsilon p\, r^2}{\eta L} \cdot \zeta \tag{7-1}$$

式中　I—— 流动电流;

　　　P—— 毛细管两端的压力差;

　　　r—— 毛细管半径;

　　　ζ—— ζ 电位;

　　　ε—— 水的介电常数;

　　　η—— 水的黏度;

　　　L—— 毛细管长度。

由上式可知流动电流(电位)作为胶体絮凝后残余电荷的定量描述,同样可以反映水中胶体的脱稳程度。若能克服类似于 ζ 电位在测定上的困难,流动电流将会成为一种有前途的絮凝控制因子。

美国人 Gerdes 于 1966 年发明了流动电流检测器(SCD),该仪器主要由传感器和检测信号的放大处理器两部分组成。传感器是流动电流检测器的核心部分,构造如图 7-20 所示。

在传感器的圆形检测室内有一活塞,作垂直往复运动。活塞和检测室内壁之间的缝隙构成一个环形空间,类似于毛细管。测定时被测水样以一定的流量进入检测室,当活塞做往复运动时,就像一个柱塞泵,促使水样在环形空间中作相应的往复运动。水样中的微粒会附着于活塞与检测室内壁的表面,形成一个微粒"膜"。环形空间水流的运动,带动微粒"膜"扩散层中反离子的运动,从而在环状"毛细管"的表面产生电流。在检测室的两端各设一环形电极,将此电流收集并经放大处理,就是该仪器的输出信号。

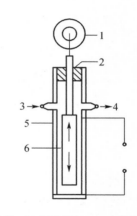

1—电机;2—活塞导套;3—水样进口;
4—水样出口;5—检测室;6—活塞

图 7-20　传感器结构示意

SCD 装置通过活塞的往复运动而产生交变信号,克服了电极的极化问题;由于采用高灵敏度的信号放大处理器,使微弱交变信号被放大整流为连续直流信号,克服了噪声信号的干扰,实现了胶体电荷的连续检测。虽然这种装置在测定原理上已不同于原始的毛细管装置,直接测出的也不是流动电流的真值,但其毕竟是胶体电荷量的一种反映,许多研究证实该检测器的输出信号(下称检测值)与 ζ 电位成正比关系。这就为流动电流检测器应用于絮凝控制提供了最基本的依据。实验表明,检测值还与水样通过环形空间的速度有对应关系:

$$I = C\zeta V \tag{7-2}$$

式中　C—— 与测量装置几何构造有关的系数;

　　　V—— 水流在环形空间的平均流速,可用活塞的往复运动速度 W 代表。

其余符号同前。

1982 年,L'eauClaire 公司 SCD 装置中加上超声波振动器,利用超声波的振动加速微粒"膜"的更替,形成微粒"膜"在壁面上吸附与解吸的动态平衡。这一措施为流动电流技术在絮凝控制中的应用排除了一大障碍,使其性能大大改善。解决了流动电流检测器在生产上使用的关键性问题。

以流动电流技术构成的絮凝控制系统典型流程如图 7-21 所示。原水加絮凝剂,经过充分混合后,取出一部分作为检测水样。对该水样的要求是既要充分混合均匀脱稳,对整体有良好的代表性;又要避免时间过长,生成粗大的矾花,干扰测定并造成测试系统的较大滞后。水样经取样管送入流动电流检测器(SCD)检测后得到的检测值,代表水中胶体在加药絮凝后的脱稳程度。由絮凝工艺理论可知,生产工艺条件参数一定时,沉淀池的出水浊度与絮凝后的胶体脱稳程度相对应。选择一个出水浊度标准,就相应有一个特定的流动电流值,可将此检测值作为控制的目标期望值,即控制系统的给定值。控制系统的核心是调整絮凝剂的投量,以改变水中胶体的脱稳程度;使水在混合后的检测值围绕给定值在一个允许的误差范围内波动,达到絮凝优化控制的目的。

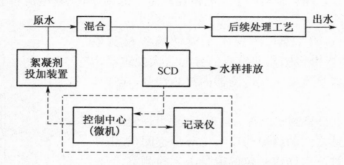

图 7-21 SCD 絮凝控制系统基本流程

在流动电流投药控制系统中,有采用变频调节投药泵的形式进行投药量控制,也有采用特定软件进行投量控制的方法。采用投药后的流动电流值作为单一控制因子通过控制器对混凝剂投加量进行控制的方法在国内有一定程度的推广。

流动电流絮凝控制技术在国内外都得到了一定范围的应用,大量的生产运行经验证明流动电流絮凝控制技术具有下列优点:保证高质供水;减少絮凝剂的消耗;减少溶解性铝的泄漏;延长滤池工作周期;减少配水管网的故障;减少污泥量等。

7.2.3 实验设备及材料

(1) 胶体电荷远程传感器(1 台);

(2) 单因子絮凝投药控制器(1 台);

(3) 投药计量泵(1 台);

(4) 搅拌器(1 台);

(5) 转子流量计(1 台);

(6) 浊度仪(1 台);

(7) 天平(1 台);

（8）原水提升泵（1台）；

（9）混凝剂（无机铝盐）；

（10）混凝反应沉淀池。

单因子絮凝自动投药控制系统实验装置流程图如图7-22所示。

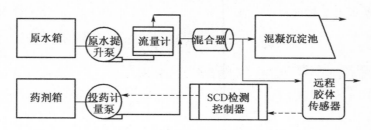

图7-22　单因子混凝投药自动控制系统流程

7.2.4　实验步骤

（1）将原水箱装满实验用原水。

（2）开启原水提升泵，将原水箱内的水样加压提升到混合器，调节流量至混凝沉淀池适宜的流量。

（3）接通传感器的电源及控制器的电源，预热20 min后，读取单因子混凝控制仪读数。

（4）开启投药计量泵，将一定浓度的药液泵入混合器内，待流动电流测控仪显示读数稳定后读数。

（5）通过流动电流测控器手动调节频率输出，改变投药泵的药量，待读数稳定后读取不同投药量情况下的流动电流值（SCD值）。

（6）待混凝沉淀池运行状态稳定后，测定沉后出水浊度，记录不同投药量下沉淀池的出水浊度。

（7）继续改变混凝剂投加量，重复步骤（5）和步骤（6）。

（8）实验数据填入表7-1，确定最佳投药量。

（9）将投药量手动调节至最佳投药量的80%，运行稳定后切换到自动控制状态，按衰减曲线法整定流动电流测控器。先将控制器变为纯比例作用，并将比例度预置在较大的数值上。在达到稳定后，用改变给定值的办法加入阶跃干扰，观察被控变量记录曲线的衰减比，然后从大到小改变比例度，直至出现4∶1衰减比为止，从曲线上得到衰减周期，求出调节器的参数整定值。

7.2.5　实验数据及整理

表 7-1　　　　　　　　　　　　　　实验数据记录

时间					
投药量/(mg·L^{-1})	0	10	20	30	40
SCD值					
出水浊度					

根据表 7-1 中的实验数据绘图说明投药量与 SCD 值与出水浊度的关系。

思 考 题

1. 简述单因子絮凝自动投药控制法的原理。
2. 简述用单因子絮凝投药控制设备的方法与人工控制投药方法的优缺点。

7.3　强化絮凝高速沉淀池连续运行实验

7.3.1　实验目的

混凝沉淀工艺是目前常规给水处理系统的核心工艺,在污水处理系统以及污水处理厂出水的深度处理系统中都得到一定程度的应用,是水处理行业最主要的物理化学处理方法,是沉淀(或澄清)、气浮、过滤等水处理工艺的基础。

在国内几乎所有的给水处理厂、部分污水处理厂和回用水深度处理工程,混凝沉淀工艺都得到普遍应用,因此对混凝沉淀工艺连续运行实验的实践将使学生对混凝沉淀工艺系统的启动、运行、参数变化的水流状态、操作控制产生生动的直观认识,加深对理论知识的理解,为未来工作的专业实践提供一定的经验基础。

混凝沉淀工艺具有悠久的历史,在发展过程中,在混凝药剂和助凝药剂的开发应用、混凝絮凝和沉淀阶段水力条件控制以及混凝沉淀水流通道池体形式等方面都不断有改革和创新。利用高浓度活性吸附泥渣作为脱稳胶体聚集的絮凝核心的强化接触絮凝法是提高絮凝沉淀效果的一个有效途径。加砂絮凝法国外已有多年研究和实际应用。20 世纪 60 年代,匈牙利学者以高分子聚合物活化微砂作为絮凝的悬浮接触介质,进行了强化絮凝的试验研究。目前,类似研究成果在法国已应用到循环絮凝澄清池和快速絮凝澄清池。据报道,在处理相同的低浊原水条件下,此类池型与传统澄清池相比,澄清速度可提高 3 倍,所需时间仅约3 min。可见投加微细砂粒是实现高效絮凝的一种有效途径。目前该技术在国内也已有所推广应用。

通过加砂絮凝高速沉淀池连续运行实验的操作,要达到以下目的:

(1)了解混凝沉淀工艺系统启动运行的操作方法。

(2)了解加砂絮凝高速沉淀工艺的特点和主要运行条件参数。

(3)掌握混凝沉淀工艺运行主要参数的确定方法,静态、动态混凝实验方法在实际生产中的配合使用。

(4)掌握加砂絮凝高速沉淀工艺在连续运行过程中运行参数的优化方法,通过实验加深对多种混凝机理的理解。

7.3.2　实验原理

在水处理领域中,混凝作用的基本原理是通过向原水中投加混凝剂,使分散的胶体颗粒与溶解态的混凝剂之间产生作用,经过脱稳颗粒间的碰撞结合,形成较大的絮凝体颗粒而迅速沉降,从而达到加速原水澄清净化的目的。水处理中的混凝现象比较复杂;不同种类混凝剂以及不同的水质条件,混凝机理都有所不同。许多年来,水处理专家们对混凝机理进行不断研究,提出了几种理论。目前普遍用下列四种机理来定性描述水的混凝现象,即压缩双电层作用机理、吸附—电性中和作用机理、吸附架桥作用机理和沉淀物网捕或卷扫作用机理。

在实际混凝过程中,上述四种混凝机理并不是孤立的现象,而是相互有机联系的,往往是几种凝聚机理综合作用的结果,或者在特定水质条件下以某种机理为主。因此,凝聚效果及其作用机理不仅取决于所使用混凝剂的物化特性,而且与处理污染物的性质以及水质特性等有关。在给水处理中,pH 值在 4.5~6.0 范围内,主要由多核羟基配合物等对负电荷胶体起电性中和作用,凝聚体比较密实;pH 值在 7~7.5 范围内,电中性氢氧化铝聚合物可起吸附架桥作用,同时也存在某些羟基配合物的电性中和作用。天然水 pH 值一般在 6.5~7.8 之间,铝盐的混凝作用主要是吸附架桥和电性中和,两者以何为主,决定于铝盐投加量;当铝盐投加量超过一定限度时,会产生"胶体保护"作用,使脱稳胶体电荷变号或使胶粒被包卷而重新稳定;当铝盐投加量再次增大、超过氢氧化铝溶解度而产生大量氢氧化铝沉淀物时,则起网捕和卷扫作用。实际上,在一定 pH 值下,几种作用能同时存在,只是程度不同,这与铝盐投加量和水中胶粒含量有关。若水中胶粒含量过低,往往投加大量铝盐混凝剂,使之产生卷扫作用才能发生混凝作用。

水的混凝效果受到水质本身和外界多种因素的影响。水质方面 pH 值、水温、水中杂质性质和含量是最主要的影响因素。

(1) pH 值的影响:水中胶体和悬浮颗粒的 ζ 电位随着 pH 值的变化而改变,ζ 电位能够间接反映出胶体颗粒所带电荷的多少和性质,直接影响到压缩双电层和电中和作用机理。水的 pH 值还会影响到无机混凝剂的水解形态以及离子型高分子絮凝剂的电荷特性和溶解形态,从而影响混凝效果。

(2) 水温的影响:水温是混凝过程中的一个重要控制因素。通常情况下,水温升高絮凝效果则随之提高,这主要是因为化学反应速度加快,水的黏度下降,分子扩散速度增加,絮体成长速度加快,因而促进了絮凝和沉降。但是,如果水温过高,则化学反应速度加快,形成的絮凝体细小,并使絮凝体的水合作用增加,导致污泥含水量高、体积大,难以处理。

当水温过低时,有些混凝剂的水解反应速度变慢,影响胶体脱稳。水温低会使布朗运动强度减弱,胶体间碰撞机会减少。水温过低,水的黏度增大,胶体运动的阻力增大,颗粒不易下沉;水的黏度增大还会增加水流对絮凝体的剪切作用,影响絮凝体的长大。水温低时,胶体颗粒水化作用增强,妨碍胶体凝聚。因此,水温过高或过低,对混凝作用都不利。

(3) 水中杂质的影响:水中杂质的成分、性质和浓度对混凝效果有明显的影响。例如,水中存在二价以上的正离子,对天然水压缩双电层作用有利。天然水中若以含黏土类杂质为主,则需要投加的混凝剂量较少;在废水中含有大量有机物,对胶体有保护作用,需要投加较多的混凝剂。杂质颗粒级配越单一均匀、越细小就越不利于沉降;大小不一的颗粒聚集成的矾花越密实,沉降性能越好。

从混凝动力学方程可知,当水中杂质颗粒浓度很低时,颗粒碰撞速率大大减小,混凝效果差。从混凝网捕作用机理而言,低浊水所需混凝剂量将大大增加。特别是低温低浊水,混凝更加困难。但是当水中胶体和悬浮物含量过高时,为使胶体脱稳所需铝盐或铁盐混凝剂量将相应大大增加。

(4) 混凝剂的影响。不同的种类的混凝剂在混凝处理中的作用机理不同,得到的混凝效果以及混凝剂的用量也不一样。混凝剂投加量是影响混凝过程的重要控制因素，它不仅决定了水中胶体的脱稳作用，而且还与产生絮凝体数量的多少直接有关。一般情况下，混凝效果随着混凝剂的用量增加而增大。但是，混凝剂的用量达到一定值时，出现峰值，再增加用量时，混凝效果反而下降。所以在使用时，要确定最佳效果的用量。混凝剂的最佳投加量受水中各种因素的影响，不同的水质有不同的值，其值不是理论推导出来的而是通过投药量试验得出来的。

（5）混凝过程水力条件的影响。混凝水力条件是影响混凝效果的重要因素，一般情况下，在混凝初期要求对水进行强烈搅拌，使混凝剂能够迅速、均匀地与水混合，进行水解和缩聚反应，使胶体脱稳并主要借助颗粒的布朗运动进行凝聚，形成微絮体。由于混凝剂的水解和缩聚反应速度很快，所以应使混凝剂在尚未产生水解吸附或架桥之前迅速完全而均匀地扩散到整个水体中，以便同最大数量的胶体和悬浮物颗粒进行接触反应，充分发挥混凝剂的作用。

在中期和后期，要求水流具有适宜的紊动性，既能保证微絮体在一定时间内有足够的碰撞聚集的机会，形成尺寸较大的絮凝体。同时，随着絮凝体尺寸逐渐增大，水流的紊动性应逐渐减弱，水流扰动的机械剪切力不至于使絮凝体破碎。

由此可见，良好的混凝效果是多种混凝机理共同发挥作用的结果，要想获得最优的混凝效果就要在混凝药剂、混凝水力条件、水质特性等多方面进行优化，从而达到最佳效果。

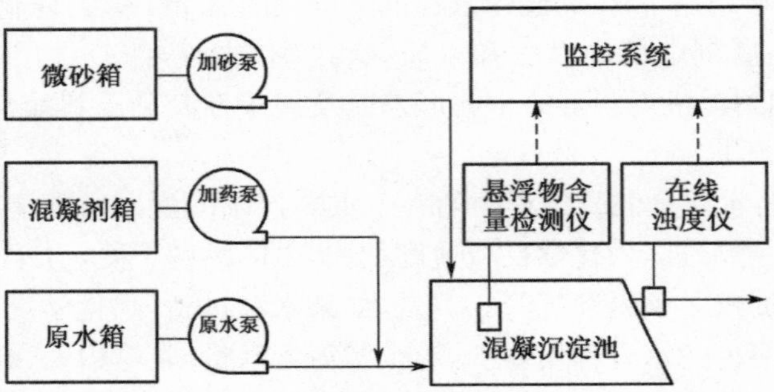

图 7-23　高效沉淀工艺流程

7.3.3　实验装置与材料

本实验采用的实验装置参见图 7-1。絮凝池水力停留时间 2 min，熟化池水力停留时间 7 min，沉淀池表面负荷范围 28.2～3.53 m/h。运行标准产水量 0.09 m^3/h。

实验用废水为生活污水或经过二级处理后的生活污水。

实验用混凝剂为氯化铝，助凝剂为中性 PAM，细砂粒度为 0.05～0.3 mm。

7.3.4　实验内容

（1）采用静态六联搅拌实验，在特定的实验水质条件下，确定混凝剂、助凝剂投量；

（2）动态实验中，连续运行模型的启动和稳定运行；

（3）原水 pH 值、混凝剂投加量、助凝剂投加量、加砂量、沉淀池上升流速对悬浮物分析仪数值和沉淀出水浊度的影响；

（4）悬浮物分析仪数值和沉淀出水浊度之间对应关系讨论。

7.3.5　实验方法

（1）六联搅拌实验，确定混凝剂、助凝剂投量。方法参见《水处理实验技术(一)》"混凝实验"。

（2）动态混凝实验模型的启动和稳定运行。首先打开进水电磁阀；启动原水提升泵；开启混凝剂投药泵，调节流量至静态实验最佳混凝剂投量；开启助凝剂投药泵，调节流量至静态实验最佳助凝剂投量；启动混合池搅拌机，调节搅拌机转为 50 r/min；启动加注池搅拌机，调节搅拌机转速为 30 r/min；启动絮体熟化池搅拌机、调节搅拌机转速为 10 r/min；根据实验设计沉淀池上升流速，开启不同数量的沉淀池集水管球阀。

沉淀池开始出水后 20 min，出水水质接近稳定，可以开始采集数据。沉淀池稳定运行的一个重要条件是及时排泥，运行一段时间后沉淀池底部积累的污泥将影响沉淀效果，需定时打开底部排泥阀排放沉泥。

（3）各种水质因素、运行条件对混凝沉淀效果的影响实验。用盐酸或氢氧化钠溶液 pH 值在 5～9 范围内调节原水，在改变原水 pH 值时，实验不必停止，通过计算原水在模型中停留时间作为出水水质变化滞后时间的参考；

通过调节混凝剂投药泵和助凝剂投药泵的冲程调节投药量，调节过程中实验不必停止，通过计算原水在模型中停留时间作为出水水质变化滞后时间的参考；

启动加砂泵，通过调节冲程调节加砂量大小，调节过程中实验不必停止，通过计算原水在模型中停留时间作为出水水质变化滞后时间的参考。

（4）各项水质和运行参数调整时，在熟化池中悬浮物含量数据也会相应发生变化，相同的熟化池中悬浮物含量数据对应的熟化池絮体形态可能并不相同，在记录实验数据的同时，及时用文字描述记录熟化池絮体形态。

7.3.6　实验数据

实验数据如表 7-2 所示。

表 7-2　　　　　　　　　　　连续混凝沉淀实验数据记录

原水浊度＿＿＿NTU　原水流量＿＿＿L/h　加药量＿＿＿mg/L　　加砂量＿＿＿mg/L

时间						
熟化池悬浮物/$(mg \cdot L^{-1})$						
出水浊度/NTU						

7.3.7　实验结果讨论

（1）静态六联搅拌实验与动态实验确定的最佳混凝剂、助凝剂、加砂量可能并不相同，为什么？ 相同水质条件和投药量下，动态与静态实验沉后水浊度并不相同，为什么？

（2）原水 pH 值、混凝剂投加量、助凝剂投加量、加砂量、沉淀池上升流速等因素对熟化池悬浮物含量和沉后水浊度有怎样的影响趋势？ 试分析这些影响因素对混凝过程的作用机理。

（3）相同的熟化池悬浮物含量数据对应的熟化池絮体形态可能并不相同。其他因素相同的条件下,试归纳单一影响因素与熟化池悬浮物含量的对应规律,归纳在各种水质和运行条件下熟化池悬浮物含量与沉后水浊度的对应关系。

7.4　完全混合型活性污泥法曝气沉淀池实验

7.4.1　实验目的

（1）通过观察完全混合型活性污泥法处理系统的运行,加深对该处理系统特点及运行规律的认识。

（2）通过对模型实验系统的调试和控制,初步培养进行小型模拟实验的基本技能。

（3）熟悉和了解活性污泥法处理系统的控制方法,进一步理解污泥负荷、污泥龄、溶解氧浓度等控制参数及在实际运行中的作用。

7.4.2　实验原理

活性污泥法是当前污水生物处理领域中应用最广泛的技术之一,了解和掌握活性污泥法处理系统的特点和实验方法十分重要。活性污泥法主要是采用必要的措施,创造适宜的条件,满足微生物生化作用的需要,并使有机物、微生物、溶解氧三相充分混合,从而强化微生物的新陈代谢作用,加速对水中有机物的分解,以达到净化水质的作用。

1. 有机物处理被摄取、代谢和利用的过程

在活性污泥法处理系统中,有机物被微生物摄取、代谢和利用的过程分为两个阶段:

（1）初期吸附:由于活性污泥有很强的吸附能力,可以在较短的时间内通过物理吸附和生物吸附的共同作用,使污水中的有机物被凝聚、吸附而去除。

（2）微生物代谢:吸附在活性污泥上的有机物在一系列酶的作用下被微生物摄取,有机物被去除的同时,微生物自身得到繁殖。

2. 影响活性污泥降解性能的主要因素

影响活性污泥降解性能的因素主要有:

（1）营养物质的比例:BOD,N,P 的质量之比为 100∶5∶1;

（2）溶解氧浓度不低于 2 mg/L;

（3）pH 值在 6.5～8.5 之间;

（4）水温在 15℃～35℃;

（5）有毒物质的影响,即对微生物生理活动具有抑制作用的无机物和有机物。

3. 完全混合式活性污泥法处理系统

完全混合式活性污泥法处理系统中,污水及回流污泥进入曝气池后,立即与池内已经处理而未进行泥水分离的处理水完全混合。这种运行方式的特点是:

（1）抗负荷冲击能力较强,适于处理浓度较高的工业废水;

（2）污水在曝气池内分布均匀,微生物群体的组成和数量几乎相同;

（3）与推流式活性污泥法处理系统相比,污泥负荷（F/M）较高。

4. 完全混合式活性污泥法处理系统的运行参数

完全混合式活性污泥法处理系统的运行参数有：

（1）污泥负荷（F/M）。曝气池内单位质量（kg）的活性污泥在单位时间（d）内能够接受、并将其降解到预定程度的有机污染物的量（COD）。本实验中污泥负荷控制在 $0.3 \sim 0.4\ kg\ COD/(kg\ MLSS \cdot d)$。

（2）污泥龄（θ）。曝气池内活性污泥总量与每日排放污泥量之比，是活性污泥在曝气池内的平均停留时间，也称为"生物固体平均停留时间"。本实验的污泥龄控制在 $2 \sim 10\ d$ 之间。

（3）溶解氧浓度。溶解氧是好氧活性污泥法处理系统中不可缺少的物质之一，在好氧微生物的生化反应中，必须提供充分的溶解氧，否则微生物活性将受到影响，进而影响整个系统的处理性能。本实验的溶解氧控制在 $1.0 \sim 2.5\ mg/L$ 之间。

7.4.3 实验设备与材料

（1）完全混合式曝气沉淀池实验装置1套（图7-24）。

（2）DO分析仪1台。

（3）空气压缩机1台。

（4）酸度计1台或pH试纸。

（5）气体流量计1个，体积法计量水流量容器。

（6）秒表1块。

（7）COD分析装置或仪器。

（8）分析天平。

（9）烘箱。

（10）葡萄糖，K_2HPO_4，KH_2PO_4，NH_4Cl，$MgSO_4 \cdot 7H_2O$，$FeSO_4 \cdot 7H_2O$，$ZnSO_4 \cdot 7H_2O$，$CaCl_2$，$MnSO_4 \cdot 3H_2O$。

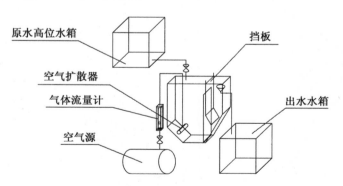

图7-24 完全混合式曝气沉淀实验装置示意

7.4.4 实验步骤

（1）活性污泥的培养与驯化。取一定量的已有活性污泥法构筑物中的活性污泥加入到培养槽中作为菌种，然后加入人工配制的营养液（配制方法见附录）或实际废水，进行活性污泥的培养和驯化。装置每天曝气 23 h 后,停止曝气,使混合液静置沉淀 30 min 后排出上清液,再向培养槽中投加新鲜废水。每天排放的上清液量占总容积的 25% 左右。上述过程运行 7~10 d 后,30 min 污泥沉降比达到 15%~20%,污泥浓度基本稳定。污泥培养驯化完成。

(2) 将原污水注入水箱,将培养好的活性污泥装入曝气池内,调节污泥回流缝大小和挡板高度。

(3) 用容积法调节进水流量,$Q=0.5\sim0.7$ mL/s。

(4) 观察曝气池中气水混合、沉淀池中污泥沉降过程及污泥通过回流缝回流至曝气池的情况。

(5) 测定曝气池内水温、pH、DO、COD 和 MLSS。

(6) 测定进水、出水的 COD。

(7) 测定剩余污泥浓度。

(8) 将实验记录填入表 7-3。

7.4.5 实验结果及数据整理

表 7-3   完全混合活性污泥法实验数据

水温 /℃	pH 值	进水流量 /(mL·s⁻¹)	曝气池 DO /(mg·L⁻¹)	进水 COD /(mg·L⁻¹)	出水 COD /(mg·L⁻¹)	曝气池 MLSS /(mg·L⁻¹)	剩余污泥浓度 /(mg·L⁻¹)

根据实验装置运行条件计算在给定条件 (N_S,θ_C) 下的有机物去除率 η:

$$\eta=\frac{S_a-S_e}{S_a}\times100\%$$

$$N_S=\frac{QS_a}{XV}$$

$$\theta_C=\frac{VX}{Q_wX_r}$$

式中 N_S——污泥负荷[kg COD/(kg MLSS·d)];

    Q——污水流量(m^3/d);

    S_a——进水中有机物浓度(mg/L);

    S_e——沉淀池出水有机物浓度(mg/L);

    X——曝气池内悬浮固体浓度(mg/L);

    V——曝气池有效容积(m^3);

    θ_C——污泥龄(d);

    Q_w——剩余污泥排放量(m^3/d);

    X_r——剩余污泥浓度(mg/L)。

思 考 题

1. 简述完全混合式活性污泥法处理系统的特点。

2. 影响完全混合式活性污泥法处理系统的因素有哪些？

3. 实验装置中两块调节挡板的作用是什么？

附加说明：营养液的成分

1. 储备液

葡萄糖溶液　　93.8 g/L（相当于 COD_{Cr} 100 g/L）

溶液 A　K_2HPO_4　　　　　　320 g/L

　　　　KH_2PO_4　　　　　　160 g/L

　　　　NH_4Cl　　　　　　　120 g/L

溶液 B　$MgSO_4 \cdot 7H_2O$　　　　15 g/L

　　　　$FeSO_4 \cdot 7H_2O$　　　　0.5 g/L

　　　　$ZnSO_4 \cdot 7H2O$　　　　0.5 g/L

　　　　$CaCl_2$　　　　　　　2.0 g/L

　　　　$MnSO_4 \cdot 3H_2O$　　　　0.5 g/L

2. 营养液　　　COD_{cr}　　　　　1 000 mg/L

　　　　　　　葡萄糖溶液　　　10 mL/L

　　　　　　　溶液 A　　　　　10 mL/L

　　　　　　　溶液 B　　　　　10 mL/L

7.5　CASS 工艺去除水中有机物、氮、磷连续运行实验

7.5.1　实验目的

　　实际应用的污水处理系统主要以活性污泥法生物处理工艺为主，而活性污泥法又根据进水、出水、曝气、排泥方式的不同演变出不同的具体形式。其中 SBR 法是在我国得到大力推广和普遍应用的污水处理技术。

　　SBR 法污水处理工艺是一种利用微生物在反应器中按照一定的时间顺序间歇式操作的污水处理技术。20 世纪 90 年代以来，该技术在我国逐渐得到应用。随着国务院确定实施《关于落实科学发展观 加强环境保护的决定》，中小城市的水污染治理问题显得日益重要和迫切。而 SBR 工艺正是一种低投资、低能耗，处理方式简便，处理效率高的污水处理技术。SBR 法运行过程中，一个池体按 5 个阶段排序大致分为进水期、反应期、沉降期、排放期和闲置期，5 个阶段完成均化、初沉、生物沉解、终沉等活性污泥处理过程。各阶段运行时间、混合液的体积比、运行状态、曝气量根据污水进水水质、出水要求确定。

　　SBR 法主要有以下几个特点。①工艺简单，节省费用；②理想的推流过程使生化反应推力大效率高；③运行方式灵活，脱氮除磷效果好；④能有效防止污泥膨胀；⑤耐冲击负荷、处理能力强。

SBR 法在国内出现的十几年时间里，众多行业专家对其应用和改进加以研究并得到广泛的使用。

CASS(cyclic activated sludge system)工艺是间歇式活性污泥法（SBR 法）的一种变革，是近年来国际公认的生活污水及工业废水处理的先进工艺。1978 年，Goronszy 教授利用活性污泥底物积累再生理论，根据底物去除与污泥负荷的实验结果以及活性污泥活性组成和污泥呼吸速率之间的关系，将生物选择器与 SBR 工艺有机结合，成功地开发出 CASS 工艺，1984 年和 1989 年分别在美国和加拿大取得循环式活性污泥法工艺（CASS）的专利。

本实验的目的是：

（1）通过实验了解 CASS 工艺的基本原理和工艺特点。

（2）掌握活性污泥法污水处理工艺污泥驯化的方法，CASS 工艺的启动和运行方法。

（3）掌握特定原水在 CASS 工艺中污泥回流比、进水历时、有机负荷和曝气强度等工艺参数对 COD、NH_4-N 的去除效果的影响规律。

7.5.2　实验原理

1. 基本原理

CASS 工艺是将序批式活性污泥法（SBR）的反应池沿长度方向分为两部分，前部为生物选择区也称预反应区，后部为主反应区，在主反应区后部安装了可升降的滗水装置，实现了连续进水间歇排水的周期循环运行，集曝气、沉淀、排水于一体。CASS 工艺是一个好氧/缺氧/厌氧交替运行的过程，具有一定脱氮除磷效果，废水以推流方式运行，而各反应区则以完全混合的形式运行以实现同步硝化 & 反硝化和生物除磷。对于一般城市污水，CASS 工艺并不需要很高程度的预处理，只需设置粗格栅、细格栅和沉砂池，无需初沉池和二沉池，也不需要庞大的污泥回流系统（只在 CASS 反应器内部有约 20％的污泥回流）。

2. CASS 反应池组成

CASS 是一种具有脱氮除磷功能的循环间歇废水生物处理技术。每个 CASS 反应器由 3 个区域组成，即生物选择区、缺氧区和主反应区。生物选择区是设置在 CASS 前端的容积约为反应器总容积的 10％，水力停留时间为 0.5～1 h，通常在厌氧或兼氧条件下运行。生物选择器是根据活性污泥反应动力学原理而设置的。通过主反应区污泥的回流并与进水混合，不仅充分利用了活性污泥的快速吸附作用而加速对溶解性底物的去除并对难降解有机物也起到良好的水解作用，同时可使污泥中的磷在厌氧条件下得到有效地释放。设置选择器，还有利于改善污泥的沉降性能，防止污泥膨胀问题的发生。此外，选择器中还可发生比较显著的反硝化作用（回流污泥混合液中通常含 2 mg/L 左右的硝态氮），其所去除的氮可占总去除率的 20％左右。选择器可定容运行，亦可变容运行，多池系统中的进水配水池也可用作选择器。

CASS 工艺生物选择器的设置对进水水质、水量、pH 值和有毒有害物质起到了较好的缓冲作用，并能通过酶的快速转移迅速吸收并去除部分易降解的溶解性有机物，由此而产生的底物积累和再生过程，有利于选择出絮凝性细菌。生物选择器的工艺过程遵循活性污泥的底物积累——再生理论，使活性污泥在生物选择器中经历一个高负荷的吸附阶段（底物积累），随后在主反应区经历一个较低负荷的底物降解阶段，以完成整个底物去除过程。预反应区体积仅占反应池总体积的 10％～15％，因此，该部分活性污泥在高 BOD_5 负荷条件下运行,一方面强化了生物吸附作用,另一方面促进了微生物的增殖。一般,污泥膨胀是由于丝状菌的过量繁殖造成的。丝状菌比菌胶团的比表面积大,有利于摄取低浓度底物。在高底物浓度下菌胶团和丝状菌都以较大速率降解基质与增殖,而丝状菌的比增殖速率比非丝状菌小,因此其增殖量也较小,从而相比之下,菌胶团的增殖量大,从而占有优势。CASS 工艺生物选择器就是利用底物作为推动力选择性地培养菌胶团细菌,使其成为曝气池中的优势菌。所以,CASS 工艺的预反应区不但可以连续进水,同时又发挥了生物选择器的作用,能有效抑制丝状菌的生长和繁殖,避免污泥的丝状膨胀,提高了系统的运行稳定性。另外,在这个区内的难降解大分子物质易发生水解作用,这对提高有机物的去除率具有一定的作用。

缺氧区不仅具有辅助厌氧或兼氧条件下运行的生物选择区对进水水质、水量变化的缓冲作用,同时还具有促进磷的进一步释放和强化反硝化的作用。

主反应区即好氧区,是去除营养物质的主要场所,通常控制 ORP 在 $100\sim150$ mV,溶解氧 DO 在 $0\sim2.5$ mg/L。运行过程中,通常将主反应区的曝气强度加以控制使反应区内主体溶液处于好氧状态,完成降解有机物的过程,而活性污泥内部则基本处于缺氧状态,溶解氧向污泥絮体内的传递受到限制而硝态氮由污泥内向主体溶液的传递不受限制,从而使主反应区中同时发生有机污染物的降解以及同步硝化和反硝化作用。

在 CASS 池末端设潜水泵,污泥通过潜水泵不断从主曝气区回送至预反应区。

3. 工艺运行

完整的 CASS 工艺可分为 4 个阶段,以一定的时间序列运行。

(1) 充水——曝气阶段。边进水、边曝气,并将主反应区的污泥回流至预反应区(生物选择器)。在该阶段,曝气系统向反应池内供氧,一方面满足好氧微生物对氧的需要,另一方面有利于活性污泥与有机物的混合与接触,从而使有机污染物被微生物氧化分解。同时,污水中的氨氮也通过微生物的硝化作用转化为硝态氮。

(2) 充水——沉淀阶段。停止曝气,进行泥水分离,但不停止进水,且污泥回流也不停止。停止曝气后,微生物继续利用水中剩余的溶解氧进行氧化分解。随着溶解氧含量的降低,好氧状态逐渐向缺氧转化并发生一定的反硝化作用。由于沉淀初期,前一阶段曝气所产生的搅拌作用使污泥发生絮凝作用,随后以区域沉降的形式沉降。因此,即使在该阶段不停止进水,依然能获得良好的沉淀效果。当混合液的污泥浓度为 $3\,500\sim5\,000$ mg/L,沉淀后污泥浓度可达 $15\,000$ mg/L 左右。

(3) 滗水阶段。沉淀阶段完成后,置于反应池末端的滗水器在程序控制下开始工作,自上而下逐层排出上清液。排水结束后滗水器将自动复位。排水过程中反应池底部污泥层内由于较低的溶解氧含量而发生反硝化作用。CASS 反应器在滗水阶段需停止进水。若处理系统有两个或两个以上 CASS 池,当一个 CASS 池处于滗水阶段时,可将原水引入其他CASS 池;若处理系统只存在一个 CASS 反应器时,原水可先流入反应器前的集水井中。为了提高污泥浓度,加强反硝化及聚磷菌的过量释磷,污泥回流系统照常运行。

(4) 充水——闲置阶段。闲置阶段的时间一般较短,应防止污泥流失。若在此阶段进行适量的曝气,则有利于恢复污泥的活性。正常的闲置期通常在滗水器恢复待运行状态 4 min后开始。

CASS 反应器典型的运行周期为 4 h,其中曝气 2 h,沉淀 1 h,滗水 1 h。

7.5.3 实验装置与材料

实验采用图 7-1 所介绍的实验装置系统,保证对工艺长期运行的有效监控。CASS 模型为有机玻璃材质,分 2 格,不连通,单独进水、出水、排泥、污泥循环,浮动集水槽出水。内设砂芯布气头。连续运行,通过开关柜手动控制运行及时间继电器自动控制运行。单格生物选择器容积为 0.01 m³,缺氧区容积为 0.03 m³,主反应区容积为 0.126 m³。

模型配置 COD 分析仪、LDO 溶解氧分析仪、ORP 氧化还原电极、氨氮分析仪、硝氮仪、污泥界面监测仪等仪表探头。

外部配置管道、气泵、水泵、污泥循环泵及电磁阀。

实验用废水为生活污水或某种主要含有机污染物的工业废水。

7.5.4 实验内容

实验以生活污水或某种主要含有机污染物的工业废水为处理对象,运用 CASS 工艺对其进行处理,实验内容如下:

1. 反应器的启动

2. 污泥回流比对处理效果的影响

固定进水时间,改变污泥回流比,分别考察系统在不同污泥回流比(R＝50%,100%,200%)的处理效果,确定实验条件下最佳回流比。

3. 进水历时对处理效果的影响

固定前期实验最佳回流比 R,通过改变进水历时,分别考察进水历时为:3.5 h,2.5 h,1.5 h,0.5 h 时系统对 COD、氨氮去除率的变化,确定该实验条件下最佳的进水时间。

4. 有机负荷对处理效果的影响

增加进水的有机物浓度,考察系统在不同有机负荷下的处理效果及系统的适应能力。提高进水有机物浓度进行破坏性试验,考察系统对高负荷有机废水的耐受能力。

7.5.5 实验方法

1. 反应器的启动

首先进行污泥的培养,(取自污水处理厂),用配制的营养液(C：N：P＝100：5：1)培养 3 天,使其恢复活性。反应器启动后,以 12 小时为一个周期运行,进水分别用生活污水和营养液按一定比例配制。生物选择区,兼氧区和主反应区的比例为 1：3：12,在进水流量 5 L/h,进水时间为 8 h,回流比为 100%,排水比为 30% 的条件下运行,期间对每个周期进水和出水的 COD 和氨氮浓度进行监测。CASS 系统在运行几天之后根据情况补充污泥,系统运行达到稳定时,测定污泥浓度,并计算系统对废水 COD 去除效率。用光学显微镜观察污泥生物群落。

2. 污泥回流比对处理效果的影响

CASS 系统在时间序列上以推流方式运行,而各个反应区则以完全混合的方式运行,每个反应区内基质浓度不同,这样恰好符合了生物的吸附—再生原理,CASS 系统的污泥回流使活性污泥在生物选择区中先经历一个高负荷的反应阶段,将废水中的溶解性易降解有机物通过酶转移予以快速的吸附和吸收,进行基质的积累;然后在主反应区中再经历一个低负荷的反应阶段,完成基质降解,从而实现活性污泥的再生。再生的污泥以一定的比例回流至生物选择区,以进行基质的再次积累再生过程。

实验 CASS 反应器的生物选择区设计为厌氧生物选择器,它既能反硝化脱氮和厌氧释磷,还能抑制丝状菌的生长。在选择器中,反硝化细菌利用易降解有机物作为电子供体,硝态氮作为电子受体,获得迅速增殖,而大多数丝状菌没有这个功能;聚磷菌(PAO)释放体内的聚磷作为能源,迅速吸收水中的易降解有机物,特别是挥发性脂肪酸(VFAs),丝状菌也没有这个功能。因此,反硝化菌和聚磷菌在选择器中成为优势菌种而遏制了丝状菌的生长。回流比不仅决定选择器中活性污泥的浓度,还决定了活性污泥经历好氧——厌氧循环的频率。

实验反应区比例,生物选择区、兼氧区和主反应区的比例为 1∶3∶12。进水时间为 8 h,排水比为 30%,通过改变污泥回流量,考察系统在回流比为 50%、100% 和 200% 对 COD 和氨氮去除效果的影响。

3. 进水历时对处理效果的影响

进水历时的改变对 CASS 系统有两方面影响,一是在排水比不变的情况下,进水历时的变化表现为进水流量的改变,进水流量的变化就会影响到废水在生物选择区的停留时间,即进水历时的改变影响到生物选择历时,从而影响到系统的运行效果;二是进水历时的变化对 CASS 系统造成冲击负荷的变化。实际情况中,工厂由于其车间生产工艺的改变或者是事故的发生,会造成瞬时大流量或者是瞬时高浓度废水的排放,这些废水进入污水处理系统就会造成系统负荷的变化。实验就进水历时的变化进行实验,以模拟冲击负荷对系统处理效果的影响,以考察 CASS 耐冲击负荷的能力。

实验反应区比例,生物选择区、兼氧区和主反应区的比例选择为 1∶3∶12,排水比为 30%,回流比为 50%,分别考察进水历时为 8 h,6 h、4 h 和 2 h 对 COD 和氨氮去除效果的影响。

4. 污泥负荷对处理效果的影响

生活污水处理实验进水 COD 浓度从 800 mg/L 逐步增加到 3 500 mg/L,测定污泥浓度变化,进水时间为 8 h,排水比为 30%,回流比为 50%,生物选择区、兼氧区、主反应区的比例为 1∶3∶12。

7.5.6　实验数据处理及讨论

表 7-4　　　　　　　　　　　　　　CASS 工艺运行实验数据

原水水质:COD ＿＿＿mg/L,TN ＿＿＿mg/L,TP ＿＿＿mg/L,水温＿＿＿mg/L。

运行条件:曝气＿＿＿h,沉淀＿＿＿h,滗水＿＿＿h,闲置＿＿＿h,污泥回流比＿＿＿。

时间/h							
COD/(mg · L^{-1})							
NH$_4$-N/(mg · L^{-1})							
NO$_3$-N/(mg · L^{-1})							
DO/(mg · L^{-1})							
ORP/mV							

以时间为横轴,进水和处理后水的 COD 及氨氮值为纵轴,绘制各工况下曲线。

根据记录的数据,参照实验运行条件参数,实验中讨论如下问题:

(1)系统启动期间,随时间推移系统对 COD 去除率有怎样的变化,为什么会有这样的变化?系统稳定后,镜检观察污泥微生物群落与驯化初期有什么不同?为什么会出现这样的变化?

(2)实验条件下,污泥回流比对 COD 及氨氮的影响规律是什么?回流比过大为什么对 COD 及氨氮去除率有负面影响?试阐述一下生物选择器的作用机理和 CASS 池能有效防止污泥膨胀的原理。

(3)实验条件下,进水历时对 COD 及氨氮的影响规律是什么?进水历时对应的生物选择器停留时间是多少?CASS 系统对水力冲击负荷的适应能力如何?为什么会有这样的特点?进水历时对 COD 和氨氮的影响规律有所不同,试解释进水历时对 CASS 影响的机理。

(4)污泥回流比对 COD 去除率的影响规律及适应过程如何?进水有机物负荷的增加是否抑制了硝化菌对氨氮的去除效果,随负荷的增加,氨氮去除率下降,试解释其原因。

(5)在实验过程中发现的其他现象和问题,及时进行讨论。

参 考 文 献

［1］ 许保玖. 当代给水与废水处理原理［M］. 北京：高等教育出版社，1990.

［2］ 许保玖，安鼎年. 给水处理理论与设计［M］. 北京：中国建筑工业出版社，1992.

［3］ 孙金堂. 化工原理实验［M］. 武汉：华中科技大学出版社，2011.

［4］ 周立清，邓淑华，陈兰英. 化工原理实验［M］. 华南理工大学出版社，2010.

［5］ 姚克俭. 化工原理实验立体教材［M］. 杭州：浙江大学出版社，2009.

［6］ 丁楠，吕树申. 化工原理实验［M］. 广州：中山大学出版社，2008.

［7］ 崔福义，彭永臻. 给水排水工程仪表与控制［M］. 北京：中国建筑工业出版社，1999.

［8］ 刘建丽，田晶京. 水工艺仪表与控制［M］. 北京：中国电力出版社，2009.

［9］ 姚铭，刘萍，林少君. 过程控制实验教程［M］. 厦门：厦门大学出版社，2008.

［10］ 沙毅，闻建龙. 泵与风机［M］. 合肥：中国科学技术大学出版社，2005.

［11］ 吕玉坤，叶学民，李春曦，等. 流体力学及泵与风机实验指导书［M］. 北京：中国电力出版社，2008.

［12］ 陈礼，余华明. 流体力学及泵与风机［M］. 北京：高等教育出版社，2007.

［13］ 伍悦滨，朱蒙生. 工程流体力学泵与风机［M］. 北京：化学工业出版社，2006.

［14］ 张根宝. 工业自动化仪表与过程控制［M］. 西安：西北工业大学出版社，2008.

［15］ 倪玲英，李成华. 工程流体力学实验指导书［M］. 东营：中国石油大学出版社，2009.

［16］ 杜玉红，杨文志. 液压与气压传动综合实验［M］. 武汉：华中科技大学出版社，2009.

［17］ 刘华波，王雪. 组态软件 WINCC 及其应用［M］. 北京：机械工业出版社，2009.

［18］ 章非娟，徐竟成. 环境工程实验［M］. 北京：高等教育出版社，2006.

［19］ 吴俊奇，李燕城. 水处理实验技术［M］. 北京：中国建筑工业出版社，2009.

［20］ 李兆华，胡细全，康群. 环境工程实验指导书［M］. 武汉：中国地质大学出版社，2010.

［21］ 仇春华，孙红杰，安晓雯，等. 环境工程实验教程［M］. 沈阳：东北大学出版社，2008.